JN029073

実践 方針管理

革新戦略推進のフレームワーク

日本科学技術連盟　方針管理研究会　編

日科技連

序　文

　TQM 活動要素の一つである方針管理は、変化に適応し変化を生み出すための経営ツールとして多くの企業で導入され、さまざまな効果を上げてきました。しかし時間の経過とともに、マンネリ化/形式化といった内的制度疲労に加え、昨今の経営環境変化への対応遅れといった外的不適応の影響もあって、近年、方針管理を導入/推進している企業から、目論見どおりの実効がなかなか上げられないといった声が多々聞かれるようになりました。このような時代背景のもと、2020年、一般財団法人日本科学技術連盟内に「方針管理研究会」が創設され（表1）、表2に示す3つのワーキンググループ（以下、WG と表記）を中心に、足掛け3年にわたる活動が進められ、2023年3月に開催された最終成果報告会をもって、その使命を無事終了するに至りました。

　このような流れの中、2023年度の品質月間テキストとして、当研究会の活動成果を掲載できないかとの話が持ち上がり、研究会内部で検討した結果、ページ数や主たる読者層など月間テキストのもつ性格から3つの WG すべてを取り上げるにはやや無理がある、しかし2019年、同連盟主催の第109回品質管理シンポジウムにて発出された「令和大磯宣言：品質経営理論の確立と展開」という大きな流れも考慮すべき、との意見もあって、まずは、WG-2の活動に焦点を当てた形でのテキスト発刊を先行的に進めていくことになりました。

　その後、WG-1や WG-3の活動成果も含め、方針管理研究会の活動成果を広く社会に普及させてほしいといった要望が、日科技連出版社から寄せられ、2023年の秋、本研究会の活動成果をすべて網羅した形での出版が決定されました。

　本書は、TQM の活動要素である方針管理に光を当て、これを推進している多くの会社が抱えている今日的課題を取り上げ、その対応の方向性について研究してきた成果の一端をまとめたものです。その意味で、本書に書かれている

表1　方針管理研究会と本書構成メンバー

方針管理研究会メンバー（第3期）（順不同）

WG	氏名	所属
WG-1	荻島賢一	コニカミノルタ株式会社
	石田　太	同
	富崎幸文	株式会社ブリヂストン
	藤村健作	株式会社キャタラー
	高倉　宏	トヨタ自動車九州株式会社
	中村　聡	同
	茂田宏和	一般財団法人日本科学技術連盟
WG-2	中川昌行	株式会社ジーシー
	宮野　玲	同
	杉本高一	同
	新倉健一	前田建設工業株式会社
	柳沢　学	株式会社ブリヂストン
	石黒茂樹	株式会社小松製作所
	安隨正巳	一般財団法人日本科学技術連盟
WG-3	清澤　聡	コーセル株式会社
	宮脇康夫	同
	楠木仁美	同
	水島典子	アクシアル リテイリング株式会社
	中村紗依	一般財団法人日本科学技術連盟

方針管理研究会企画委員会メンバー（五十音順）

委員長	光藤　義郎（日本科学技術連盟　嘱託）	
委　員	安藤　之裕（日本科学技術連盟　嘱託）	
	中條　武志（中央大学　教授）	
	村川　賢司（村川技術士事務所　所長）	
	米岡　俊郎（株式会社P&Qコンサルティング）	

本書執筆者

序文/はじめに/おわりに	光藤　義郎
第I部	村川　賢司
第II部	米岡　俊郎
第III部	新倉　健一

表2　方針管理研究会ワーキンググループの研究テーマ

	研究テーマ	研究にあたってのキーポイント
WG-1	経営目標/戦略を達成できる組織能力を生み出すTQMの推進	① 方針実行に必要な組織能力の範囲・枠組み ② 織能力向上のためのTQM活動要素の活用 ③ 経営目標・方策・組織能力・TQM活動要素の因果関係の仮説造り・論理的シナリオの構築
WG-2	顧客価値創造と方針管理を結び付けるための方法	① 従来型方針管理とは異なるプロジェクト型方針管理の枠組みとその導入・推進 ② 独立経営体である顧客・パートナーとの連携の仕方 ③ 実施段階で生ずる様々な変化への適時・適切な対応
WG-3	変化に対応し経営目標を実現する方針管理/日常管理のあり方	① 事業計画の方針管理と日常管理への振分け ② 両管理を一元的に運用・活用するための仕組み構築 ③ 期中変化への適応や変化を生み出すための方針管理・日常管理プロセスのあるべき姿

　内容の多くは、今まで私たちが進めてきた方針管理の考え方、方法論、体系/体制/しくみ、手法、および人の行動のあり方まで含め、一つの革新的テーゼと方向性を提案するものでもあります。本書を手に取り、その新たな視点の一端を少しでも感じていただければ、本委員会のメンバーにとって、この上ない喜びといえるでしょう。

　なお、本書の発刊にあたっては、3年にわたる本委員会活動において活発な討議を繰り返し、一定の成果にまで導いていただいた各委員やメンバーの方々、また、本書の執筆にご尽力いただいた編集リーダーの方々、さらには、各方面からさまざまな形でのサポートをいただいた皆様に、この場を借りて厚く御礼申し上げます。

一般財団法人日本科学技術連盟　方針管理研究会　主査

『実践　方針管理』編集主査

光 藤 義 郎

は じ め に

1. 方針管理研究会創設の背景/趣旨/運営体制など

　序文でも述べたとおり、本研究会は、2020年8月、一般財団法人日本科学技術連盟内の一つの研究組織として創設されました。その背景および趣旨を第1回目の研究会資料に基づけば、以下のようになります。

　方針管理は、経営目標/戦略を実現するための有力な経営ツールとして多くの企業で取り入れられています。しかしながら、方針管理のマンネリ化や形式化などに直面し、実効を上げられていない、という声はかなり以前から散見されています。この要因として考えられるのは、

　「トップ方針が第一線まで確実・適切に展開できなかった」
　「目標を達成するための有効な方策が立案できなかった」
　「目標未達成の場合の原因追究が表層的だった」
　「日常業務に追われて改善・革新に取り組めなかった」

などさまざまですが、まさにTQMのコアツールである方針管理の企業における有効活用はTQMの再興につながってくるものと考えます。

　そこで、本研究会の活動目的として、

①　方針管理のJIS規格の原典になった日本品質管理学会規格「方針管理の指針」をもとに、TQMのコアツールである方針管理の基本的な考え方/しくみ/プロセスを、原点(基本)に回帰して読み解き、企業の持続的発展に寄与する方針管理の重要性を再考し、発信する。

②　各社の取組み状況を示し合い、意見交換することにより自社内での展開に活かしていただく。

③　参加企業間の交流、人脈形成に役立てていただく。

という3項目を掲げました。

　また、本研究会の開催概要としては、

（1）　期間：2020年8月〜2021年3月（年4回）の3年間

　　　　　13：30〜16：30（半日）

（2）　場所：日本科学技術連盟東高円寺ビルまたはリモート

（3）　参加企業：6社（予定）、対象は全部門、役員または事業部長クラス

（4）　参加費：無料、交通費は自弁、1社から複数名の参加可能

（5）　開催方法：

　　　　前半：各社からの事例紹介と意見交換、内容としては、

　　　　　　・方針管理の形骸化回避、方針展開の工夫

　　　　　　・日常管理と方針管理の使い分け

　　　　　　・機能不全に陥らないための知恵と工夫

　　　　　　・BSC、OKR など類似手法との使い分け　など

　　　　後半：事例紹介をもとに活性化のポイントを WG にて議論

と設定しました。さらに、会の運営体制としては、以下に示す部課長のための
方針管理・日常管理セミナー運営委員会委員（2023年3月当時）を中心に企画委
員会を設け、ご協力いただくことにしました。

　運営委員会委員長　　光藤　義郎氏（文化学園大学　特任教授）

　運営委員　　　　　　安藤　之裕氏（安藤技術事務所　代表）

　　　　　　　　　　　中條　武志氏（中央大学　教授）

　　　　　　　　　　　村川　賢司氏（村川技術士事務所　所長）

　また、本研究会の趣旨に賛同し、本会設立当初よりご参加頂ける企業のメン
バーとして、

　・（株）ジーシー

　・コーセル（株）

　・コニカミノルタ（株）

　・トヨタ自動車（株）

　・前田建設工業（株）

　・（株）ブリヂストン

を予定させていただき、初年度の活動を進めていきました。

2．方針管理研究会の活動経過

　本研究会の3か年にわたる活動経過を以下、簡単にまとめておきます。

（1）　初年度（2020年8月〜2021年3月）

【各社に共通する悩み・課題】

① 部門単位の方針管理が中心で、部門内改善に留まり、全社的部門横断の方針管理（部門間連携）ができていない。

② 経営目標/戦略を実現するための課題が総花的で、上下左右のすり合わせもうまくいっていない。

③ 方針管理と日常管理の区分が曖昧で、方針管理による改善/革新の重点的活動ができていない。

【研究会活動運営上の課題】

① TQMの運用や成熟度、組織体制やメンバーの立場によって、興味/関心のポイントや範囲に違いがあった。

② 活動の方向性（研究したいテーマ）をすり合わせる時間が少なく、企画側と参加メンバーとの間で見解のズレがあった。

（2）　2年度（2021年4月〜2022年3月）

　初年度の反省を踏まえ、本研究会の進め方を以下のように再設定しました。

① テーマをはっきり定め、山を高くする研究を推進する。何をテーマにするかはオープンディスカッションにて少し時間をかけて検討/決定していく。

② 事業に真に役立つ方針管理をドライブしていく。そのために求められるテーマを選定する。

③ 本研究会の目的/趣旨に沿った人を選定いただく。各社の組織体制/役割分担など、社内での責任/権限の範囲が異なるため、各社で複数の方をメ

表1　研究会活動事項の見直し

	活動項目	新規〜継続	具体的に何をやるのか？
1	参加企業取組み紹介	継続	新規参加企業には、方針管理/日常管理に留まらず、経営課題や現場推進の悩みなど、ご紹介いただく
2	テーマ研究活動	新規	事業に真に役立つ方針管理をドライブするテーマを選定/研究する。これまで各社が取り組んできた方針管理をブレークスルーするテーマを研究/確立/発信していく　⇒　テーマは企画委員/参加メンバーで検討/確定
3	クオリティフォーラムで情報発信	新規	企画セッション1コマをプロデュース ⇒登壇者：光藤委員長、トヨタ自動車九州、コーセル ※研究成果（ベストプラクティス）という位置づけではない
4	意見交換会の強化	新規	研究会終了後。交流会を実施。 Zoomでブレークアウトも OK!
5	参加企業メンバー	新規	2020年度メンバー企業（7社）に継続可否を確認。 ⇒継続参加候補企業6社。1社辞退。 ⇒新規参加候補企業3社。 トヨタ自動車九州、アクシアルリテイリング、キャタラー ※研究会の活動目的/趣旨を踏まえて、参加の判断とメンバー選定をお願いする
6	人財育成	新規	今後、企画側にも積極的に参画いただく

　ンバー登録していただいてもかまわない。

　そのうえで、活動事項を表1のように見直し、また、企画委員として、新たに米岡俊郎氏（(株)P&Qコンサルティング）を加えるとともに、新たな参加メンバーとして、(株)明電舎、トヨタ自動車九州(株)、アクシアルリテイリング(株)、キャタラー(株)に加わっていただきました。さらに、山を高くするための具体的な研究活動テーマとして、4つのテーマ候補を設定したうえで、最終的には表2の3テーマに絞り込みました。

表2　第2年度からの研究活動テーマとその背景

研究テーマ		テーマ案の背景
1	経営目標/戦略を達成し得る組織能力を生み出すTQMの推進(TQMにおける方針管理の位置づけ)	自社を取り巻く環境が変化するなか、従来の慣習にとらわれず、目指すべき経営目標/戦略を定め、その達成を図る必要がある。しかし、革新的な経営目標/戦略を達成するには、そのための組織能力が獲得できていないと難しい。必要な組織能力を明らかにし、その獲得のためにTQMの活動要素(方針管理、日常管理、小集団改善活動、品質保証、人材育成など)をうまく活用することが求められている
2	顧客価値創造と方針管理を結びつけるための方法	経営環境の変化に適応する戦略の一つとして、新たなビジネスモデルの創造、価値次元の転換など顧客価値創造の活動が求められている。しかし、顧客価値創造と改善/革新をドライブする方針管理をどう融合させていくか、顧客価値創造を達成するために方針管理をどう役立たせていくかに苦慮している組織も多い
3	環境変化に対応し変化を生み出すための方針管理	環境変化に対応した経営目標/戦略を策定し、変化を生み出すために方針管理を活用することが求められている。しかし、重点が絞れない総花的な方針、因果関係の不明確な方針展開(上下左右のすり合わせ)、形式的な期末レビューなどのために方針管理が十分な効果を発揮していないケースが少なくない

（3）　最終年度（2022年4月～2023年3月）

　表2に示した第2年度の活動に加え、さらに最終年度では、活動の成果として具体的なアウトプットを世に送り出すこという項目を追加するとともに、新たな参加メンバーとして(株)小松製作所にも加わっていただきました。

　この具体的アウトプットとは以下の項目となります。

- クオリティフォーラムでの報告（2022年10月）
- 公開報告会（2023年3月）
- 研究会活動成果の出版　⇒　これが本書の発刊に繋がりました。

3．本書の構成

　本書は、本研究会で進めた3つのWGの活動成果をもとに、大きく3部構

成としてあります。第Ⅰ部は、方針管理の基本的な考え方の解説に加え、日常管理と方針管理の関係性や整合のしかたについて研究した成果が記載されています。

　また第Ⅱ部では、中長期の目標/戦略を達成するために必要となる組織の能力とその能力を獲得するための TQM 活動要素との関係（方針管理のみに限定しない）について研究した成果が記載されています。

　さらに第Ⅲ部では、顧客価値創造という新たな事業を組織として展開していく際に役立つ方針管理の新たな形を研究した成果が記載されています。

　各部の詳細な構成は、以下のとおりです。

第Ⅰ部　方針管理の基本的考え方と日常管理との関係
　第1章　方針管理の基本
　第2章　変化に対応し、経営目標・戦略を実現する方針管理と日常管理
第Ⅱ部　経営目標・戦略を達成できる組織能力の向上を目指した TQM の推進
　第1章　新しい TQM の考え方の実践に向けた4つの課題
　第2章　課題①：方針の実行に関する PDCA
　第3章　課題②：方針の実行に必要な組織能力に関する PDCA
　第4章　課題③：組織能力を向上させる TQM に関する PDCA
　第5章　課題④：中期経営計画・組織能力・TQM の対応関係に関する
　　　　　　　　　PDCA
　第6章　第Ⅱ部のまとめ
第Ⅲ部　顧客価値創造に役立つ方針管理とは
　第1章　研究概要
　第2章　顧客価値創造のフレームワーク
　第3章　顧客価値創造に適応する方針管理
　第4章　CVC 事業の評価要素と管理項目
　第5章　研究活動のまとめ

4．本書の読み方

　各部の記述内容はほぼ独立しているので、どこから読み始めても、基本的には違和感なく読み進められるようになっています。しかし、本書の構成からわかるように、第Ⅰ部の前半部分は、JSQC-Std 33-001：2016「方針管理の指針」から引用する形で、方針管理の基本的な考え方を解説しており、以下、記述されている内容のレベルが徐々に深くなっていくような形式をとっています。したがって、方針管理についての基本的な知識から学び直したいという読者の方は、第Ⅰ部から順番に読み進めていただくのがよいかと思われます。

　一方、すでに方針管理の基本についてはある程度理解しているものの、自組織で進めている方針管理がやや形骸化しつつある、あるいは日常管理の延長線のような方針管理になっており経営環境の激変に適応し難くなっているといった印象をおもちの読者の方は、第Ⅰ部の後半から読み始めていただくのがよいかもしれません。

　また、中長期の事業目標や戦略を確実に達成したいのだが、そのために必要となる組織としての能力がなかなか醸成されない、また長年推進しているTQM活動がややマンネリ化に陥っており、TQMが真に組織能力の獲得に結び付いているのか判然としないといった印象をもっている読者の方は、第Ⅱ部を中心に読み進めるとよいかと思われます。

　さらに、お客様との関係性をより強固なものにしていくため、お客様の価値創造に貢献する事業活動を積極的に推進していきたいのだが、そのためには自社だけでなく社外のパートナーやお客様も巻き込んだ活動が必要であったり、年度にまたがった活動をマネジメントする必要があったりと、従来進めてきた組織内に限定して展開する年度単位の方針管理のしくみや帳票ではなかなかフィットしないといった印象をおもちの読者の方は、まず第Ⅲ部を中心に読み進めるのがよいかと思われます。

　とはいえ、そういう新たな活動を進めていくために必要となる組織の能力をどう獲得したらよいかに悩むようになったら第Ⅱ部を参照し、また新たな事業

展開でも、いずれは日常業務へソフトランディングさせていく必要が必ず出てくるので、日常管理のしくみとの整合化という視点から第Ⅰ部も読んでいくのもよいかと思われます。

　いずれにしても、序文でも述べたように、本書に書かれている内容の多くは、今まで私たちが進めてきた方針管理の考え方、方法論、体系/体制/しくみ、手法、および人の行動のあり方まで含め、一つの革新的テーゼと方向性を提案するものでもありますので、できれば、第Ⅰ部から第Ⅲ部までのすべてを通して読んでいただくことを推奨したいと思っています。

一般財団法人日本科学技術連盟　方針管理研究会　主査

『実践　方針管理』編集主査

光 藤 義 郎

目　次

第Ⅰ部

方針管理の基本的考え方と
日常管理との関係

　第1章では、第Ⅰ部から第Ⅲ部の主題となる方針管理の基本について、TQM（Total Quality Management：総合的品質管理）における方針管理の位置付け、方針管理の基本的な考え方、方針管理と日常管理の関係を解説する。そのうえで、方針管理のしくみ、部門における方針管理の基本的な実施事項となる中長期経営計画と方針の策定、展開とすり合わせ、実施とその管理、期末のレビューの要点を説明する。

　第2章では、変化に対応し、経営目標・戦略を実現する方針管理と日常管理の取組み方について、方針管理研究会による活動から得た知見を述べる。主要点として、変化対応における方針管理の問題は何か、この問題を解決するために方針管理と日常管理をどのように組み合わせて運営管理するのがよいか、方針管理と日常管理において変化対応をどのように行うのが適切か、方針管理の運営管理と変化対応のプロセス・システムを評価・改善するにはどのような視点が望まれるのかなどを説明するとともに、企業実践例を紹介する。

第1章　方針管理の基本

　顧客や社会のニーズと期待など組織を取り巻く経営環境は常に変化している。組織が事業を継続して持続的発展を遂げるには、変化を的確に把握し、迅速に改善・革新することが必要になる。方針管理は、品質管理で培われた「品質をプロセスで作り込む」という考え方を活かし、プロセスやシステムの改善・革新を組織的に実施するための経営に貢献する有効なツールとして生み出された。しかし、多くの人の協業で成り立つ組織において、首脳部の考えや方針が第一線職場の人へ伝わらない、日常業務に追われて改善・革新が進まない、部門間連携が滞る、第一線職場の実情が首脳部に届かないなどの兆しが方針管理に現れると、組織が志す社会的使命の実現が危うくなる。

　プロセスやシステムの改善・革新を組織全体で促進する活動として方針管理の意義を質せば、変化を乗り越えて事業を健全に発展させる組織運営の基軸に位置付けられる。したがって、実質的で実効のある方針管理であるか否かによって組織の長期的な成功が左右されるといえる。

　組織が持続的な発展を方針管理によって確実に手中に収めるには、方針管理の目的に叶った活動を実施し、組織能力を高めることが必須となる。そのためには、方針管理とは何かをしっかりと理解しておくことが前提になり、本章では方針管理の基本について解説する。

1.1　TQM における方針管理の位置付け

1.1.1　TQM とは

　TQM は、組織の持続的発展を促す製品・サービスにかかわる品質・質を中核に据えたうえで、顧客と社会のニーズを満たす製品・サービスの提供と働く人の満足という両面を通し、組織能力を高めることによって組織を長期的な成功に導く経営のツールである。

　TQM を実現するには、次の3つの要素が主要になる。

　―プロセスやシステムを維持向上・改善・革新する。

　―全部門・全階層が参加する。

　―QC 手法、QC 的問題解決法などの多様な手法を活用する。

　経営環境の変化に適合し、かつ効果的・効率的な組織運営を実現し、組織を長期的な成功に導く活動である TQM の概念を**図I−1.1**に示す。図I−1.1に包含される要素が欠落すると、TQM の所期の目的が達せられないことになる。

1.1.2　TQM の中核となる活動

　TQM の中核となる活動は維持向上・改善・革新であり、プロセスおよびシステムの成果・能力などのパフォーマンスを時間の経過とともに継続的に高めていくことが要諦になる（**図I−1.2**）。

　維持向上は、目標を現状またはその延長線上に設定し、目標からずれないように、またずれた場合はすぐに戻せるように、さらには現状よりもよい結果が得られるようにする活動である。維持向上の特徴は、現状と比べて挑戦的な目標ではなく、目標からずれたときに元に戻す活動が主体になる点である。

　改善は、目標を現状よりも高い水準に設定して、問題または課題を特定し、問題解決または課題達成を繰り返す活動である。改善の特徴は、現状より高い挑戦的な目標を設定し、現状を打破していく活動が主体になる点である。

　維持向上だけではパフォーマンスの向上が難しく、また改善だけでは向上し

I

方針管理の基本的考え方と日常管理との関係

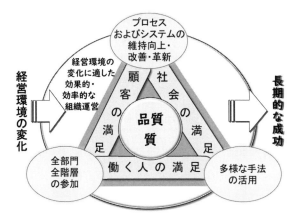

出典）　JSQC-Std 00-001：2023「品質管理用語」、p.4、1.1
　　　　をもとに作成

図 I -1.1　TQM（総合的品質管理）

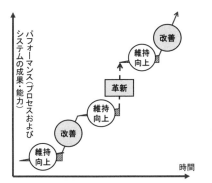

出典）　JSQC-Std 33-001：2016「方針
　　　　管理の指針」、p.8、図1をもとに
　　　　作成

図 I -1.2　TQM の中核となる活動

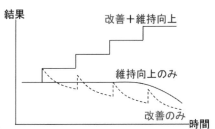

図 I -1.3　維持向上と改善との関係

たはずのパフォーマンスを維持できずに元に戻ってしまう。維持向上と改善を
繰り返すことによって、段階的にパフォーマンスを向上していくことが重要で
ある（図 I -1.3）。

一方、革新は、組織の外部や組織内の他部門で生み出された新たなノウハウの導入や活用などによるプロセスやシステムの不連続な変更を指す。革新の特徴は、維持向上・改善とは性格が異なり、プロセスやシステムがまったく新しいものに切り替わる。なお、図Ⅰ-1.2の革新の破線は不連続な変化を意味する。

1.1.3　TQMにおける方針管理の位置付け

維持向上・改善・革新を中核活動にしてTQMの実効を上げるには、TQMの活動要素に対して組織的な取組みが必要になる。図Ⅰ-1.4は、品質保証、方針管理、日常管理、小集団改善活動、品質管理教育などTQM実施で重要な活動要素を表したものである。

TQMにおけるTQM活動要素のかかわりを要約すると、TQMは顧客価値創造を実現する品質保証を志向し、方針管理と日常管理を両輪に実施される。方針管理にかかわりの深い改善・革新は改善チーム、部門横断チームなどの小集団改善活動によって、また日常管理にかかわりが深い維持向上はQCサークルなどの小集団改善活動によって、維持向上・改善・革新を繰り返し、品質/質にかかわる組織能力を高めていく。これらを品質管理教育によって能力を育まれた人々が実践するという構図におおむね整理できる。

TQMにおける重要な活動要素に位置付けられる方針管理は、単独で運用するよりTQMの一環で活用したほうがはるかに有効性と効率が高まる。

TQMの活動要素に関する日本品質管理学会による定義を表Ⅰ-1.1に示す。

TQMは、図Ⅰ-1.4の活動要素への組織的な取組みが不可欠であり、各活動要素のプロセスやシステムを確立したうえで相互が有機的なつながりをもった活動がなされないと、期待される成果が得られない。

1.2　方針管理の基本的な考え方

1.2.1　方針管理とは

方針管理とは、「方針を、全部門・全階層の参画のもとで、ベクトルを合わ

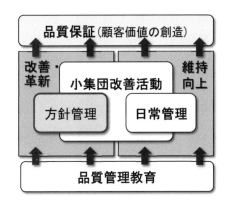

出典）JSQC-Std 33-001：2016「方針管理
　　　の指針」、p.9、図2をもとに作成

図 I -1.4　TQM における方針管理の位置づけ

表 I -1.1　TQM の活動要素

用語	日本品質管理学会による定義[1]
品質保証	顧客・社会のニーズを満たすことを確実にし、確認し、実証するために、組織が行う体系的活動。
方針管理	方針を、全部門・全階層の参画のもとで、ベクトルを合わせて重点指向で達成していく活動。 方針には中長期方針、年度方針などがある。
日常管理	組織のそれぞれの部門において、日常的に実施されなければならない分掌業務について、その業務目的を効果的・効率的に達成するために必要な維持向上の活動。
小集団改善活動	共通の目的及び様々な知識・技能・考え方・権限などを持つ少人数からなるチームを構成し、維持向上、改善及び革新を行うことで、構成員の知識・技能・意欲を高めるとともに、組織の目的達成に貢献する活動。
品質管理教育	顧客・社会のニーズを満たす製品・サービスを効果的かつ効率的に達成するうえで必要な価値観、知識及び技能を組織の構成員が身につけるための、体系的な人材育成の活動。

せて重点指向で達成していく活動。」[2]と定義される。方針は、中長期の方針、年度の方針などとして定められるのが一般的である。

　この定義は、方針管理の目的として方針を達成していくことを求めている。さらに、方針管理は、全部門・全階層が何らかの形で参画していること、組織全体のベクトルが合っていること、および重点指向になっていることが要件になる。方針管理の目的と要件の何らかが欠如した場合、方針管理の役割達成が難しい。

（1）　方針管理の3つの流れ

　方針管理には、A）展開、B）集約およびC）環境変化への対応の3つの流れがある。方針管理の3つの流れの概念を**図Ⅰ-1.5**に示す。

　展開は、目標を達成するための方策を上位から下位へ向かって目的−手段の

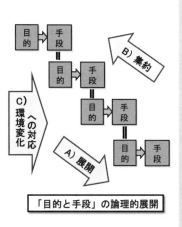

A）展 開
組織の階層に沿って、ビジョンやミッションなどの組織の最上位の目的を、目的−手段のつながりをもとに、より具体的な手段へと展開する。基本的には、組織の階層の上位から下位に向かって展開されるが、上下左右の密接なすり合わせが必要になる。

B）集 約
各部門における目標の達成状況や方策の実施状況を確認・評価し、目的−手段のつながりをもとに下位の課題・問題を上位の課題・問題へと集約するとともに、上下間で展開時に想定・設定・仮定した整合性を確認・評価する。
基本的には、組織の階層の下位から上位に向かって集約されるが、課題・問題に関する上下左右の密接な議論と共有が必要になる。

C）環境変化への対応
組織の各階層において、方針に関係する外部および内部の環境条件を定常的に監視し、自部門の方針の達成・実施に影響を与えるような変化が確認された場合は、上位および下位の方針との整合性を保ちながら、臨機応変に方針を変更する。

出典）　JSQC-Std 33-001：2016「方針管理の指針」、p.11、図6と4.2.2項をもとに作成

図Ⅰ-1.5　方針管理における3つの流れ

論理的な因果関係によって次第に具体化していく流れである(図Ⅰ-1.5A)。このために、すり合わせが大きな役割を果たす。

　集約は、下位から上位に向かって課題を集約していく流れである(図Ⅰ-1.5B)。この際に、下位の方策を実施することで上位の目的達成を確実にすることに留意する。

　経営環境変化への対応は、変化を予測し対処していく、または変化が発生したときに迅速に対応していく流れである(図Ⅰ-1.5C)。環境変化を常に監視し、変化があれば整合性を保ちながら臨機応変に方針の変更などを実施することが必要になる。

　方針の展開というと、A)展開がイメージされがちであるが、B)集約とC)環境変化への対応という3つの流れが調和しないと円滑な方針管理の運用が難しい。

（2）　方針

　方針とは、「トップマネジメントによって正式に表明された、組織の使命、理念及びビジョン、又は中長期経営計画の達成に関する、組織の全体的な意図及び方向付け。」[2]と定義される。この定義は、JIS Q 9000：2015「品質マネジメントシステム―基本及び用語」の方針の定義、「トップマネジメントによって正式に表明された組織の意図及び方向付け。」と親和性があり、JIS Q 9001に基づく品質マネジメントシステムの構築・維持と方針管理との両立が配慮されている。

　組織方針は、組織のトップマネジメントなど首脳部によって正式に表明される必要がある。そのうえで、組織の使命・理念・ビジョンと中長期経営計画の達成を目指して具体化した期単位(例えば、年度)の事業計画を達成するための、従来の活動では足りない部分に関する組織と部門の全体的な意図や方向付けを示したものである。

　方針には、重点課題、目標および方策の3つの要素が含まれる(図Ⅰ-1.6)。重点課題は、何に取り組むのか、何のために取り組むのかの目的を示す。重点

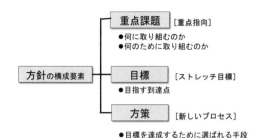

図Ⅰ-1.6　方針の構成要素

表Ⅰ-1.2　重点課題・目標・方策

用語	日本品質管理学会による定義[1]
重点課題	組織として優先順位の高いものに絞って取り組み、達成すべき事項。
目標	目的を達成するための取り組みにおいて、追求し、目指す到達点。
方策	目標を達成するために、選ばれる手段。

課題が少数に絞り込まれないと、方針管理に必要な要素である重点指向が難しくなる。また、目標がない方針では目指す到達点が曖昧になるだけでなく、現状を打破するための挑戦的なストレッチ目標の設定ができない。さらに、方策によって目標を達成するための新しいプロセスを明確にしなければ、重点課題の実現に必要な経営資源の適時適切な充当が難しい。

　重点課題、目標および方策について、日本品質管理学会による定義を表Ⅰ-1.2に、事例を表Ⅰ-1.3に示すので参考にしてほしい。

1.2.2　方針管理の基礎となるマネジメントの原則

　方針管理に関与する人々が理解して実践することによって実効を上げる方針管理の基礎となるマネジメントの原則として、リーダーシップ、全員参加、重点指向、プロセス重視、事実に基づく管理が不可欠である(図Ⅰ-1.7)。

表 I-1.3　重点課題・目標・方策の例

重点課題 （目的）	目標（到達点）		方策 （手段）
	評価尺度	目標値	
新製品開発を強化する。	新製品開発件数	4件 （倍増）	・製品開発段階のDR見直しによって、品質保証のしくみを強化する。 ・層別した顧客訪問の深耕によって、ニーズを把握する。 ・A社との環境保全技術開発によって、省資源製品を開発する。
市場クレームを低減する。	クレーム件数	10件以下 （25%減）	・未然防止活動の強化によって、設計品質を向上する。 ・部門横断活動によって、重要品質問題Aを改善する。 ・調達先と協働で改善することによって、調達品質をよくする。
顧客支援サービスを強化する。	サービス満足度	4以上 （20%増）	・新サービスの提供によって、販売後の顧客価値を増大する。 ・顧客窓口の整備・拡充によって、顧客支援サービスを強化する。

出典）　JSQC-Std 33-001：2016「方針管理の指針」、p.13、表 2 をもとに作成

図 I-1.7　方針管理の基礎となるマネジメントの原則

（1）　リーダーシップ

　方針管理の要件である組織全体のベクトルを合わせるには、首脳部の強いリーダーシップが求められる。このことによって、組織の目指す方向を一致させ、方針管理に関与する人々が目標を達成することに参画できる内部環境をつくり出す必要がある。

　方針の策定と展開において、トップダウンによる指示だけでなく、ボトムアップによる提案を加味して方針を決定することへのリーダーシップ発揮が、方針管理に必要な要素であるベクトル合わせを促す。

（2）　全員参加

　方針管理の目的成就には、方針管理に関与する人々が自らの役割を認識し、

組織の目的と目標の達成のための活動に積極的に参加し、寄与することが不可欠である。方針管理の要件である全部門・全階層が何らかの形で方針管理に関与する活動に参加し、一人ひとりの方針管理への関与を明らかにして認めることによって、経営への参画意識を高めることができる。

（3）　重点指向

　方針の策定と展開、実施とその管理、期末のレビューなどでは、組織の目的と目標の達成への影響を予測して評価し、影響の小さい要因は取り上げず、影響の大きい要因を絞り込み優先的に取り上げて対処することが重要である。これが方針管理の要件である重点指向の考え方であり、そのためには、事実・データに基づいた意思決定が不可欠である。

（4）　プロセス重視

　方針管理は、結果を生むプロセスを改善・革新することによってパフォーマンスを向上していくことをねらっている。そのため、方針の策定では、目標を達成するための方策を具体化し、最適な方策を決定しなければならない。また、期中における定期的なチェックや期末のレビューでは、結果（目標）の達成状況だけでなく結果を生んだ方策の実施状況とを対応付けて評価することが要点になる。

（5）　事実に基づく管理

　方針管理は、勘や経験だけに頼るのではなく、事実・データに基づいてPDCAサイクルを回すことを重視する。例えば、方針の策定では、事実・データに基づく分析によって定量的な目標を設定する。また、方策の決定では、思い込みを避け、目標と方策の因果関係を論理的に考察する。さらに、目標が未達成のときは、三現主義（現場・現物・現実）に基づいて原因追究する。これらには、事実に基づく管理が不可欠である。

1.2.3 方針管理のマネジメントの対象

　方針管理の定義、基礎となるマネジメントの原則に基づき、方針管理として何をマネジメントするのかの対象の見極めが必要になる。方針管理の対象は広範で、組織の事業活動の全領域にわたる。

　方針管理がマネジメントする主要な対象には、経営指標などの最終結果、結果を生み出すプロセス、事業活動を行う人・部門、情報・知識、資金・予算、利害関係者との良好な関係性、外部環境変化への迅速な対応などがある（表 I -1.4）。方針管理は、品質、原価・利益、量・納期・生産性、安全、環境保全、士気・倫理など、すべての経営要素が対象になる点を失念してはならない。

1.2.4 首脳部のリーダーシップ

　組織全体で方針管理に取り組み、組織が持続的に発展するうえで、方針管理の基礎となるマネジメントの原則で触れたように、トップマネジメントなど首脳部が大きな役割を担っている。方針管理において首脳部のリーダーシップが大きく求められる主要点は次の事項である（表 I -1.5）。

- 組織の使命・理念・ビジョンの実現に向けての中長期経営計画の策定を主導する。
- 中長期経営計画を達成するための組織の方針を重点指向で策定し、部門へ

表 I -1.4　方針管理がマネジメントする主な対象の例

◇　成果として得られる最終結果（経営指標など）
◇　結果を継続的に生みだしていくためのプロセス（インフラストラクチャー、設備などを含む）
◇　プロセスを計画・実行する人・部門
◇　プロセスで使用される情報・知的資源（ノウハウ、特許など）
◇　資金・予算
◇　顧客・パートナーなどの利害関係者
◇　外部環境

表 I –1.5　リーダーシップ

□　中長期経営計画の策定
□　組織方針の策定・展開(重点指向・ベクトル合わせ)
□　方針の実施と管理(結果と実施状況の評価に基づく適切な処置)
□　トップ自身による診断と期末レビュー
□　方針管理に全部門・全階層が参画する内部環境づくり
□　方針管理の推進組織化

展開する中で全体最適になるようにベクトルを合わせる。

- 方針が達成されているか定期的(通常月次)に達成状況(結果)と実施状況(プロセス)を評価し、経営資源の再配分などの必要処置をとる。
- 方針が浸透しているか、現場の課題は何かなどを三現主義で自らの目で診断し、期末には方針の達成状況・実施状況をレビューする。
- 方針管理に全部門・全階層が参画するしくみを構築するなど、方針管理の実効を高める内部環境を整備する。
- 方針管理の有効性と効率を高める推進部署などの組織化、課題達成・問題解決に必要な品質管理教育への経営資源充当など、組織的推進を図る。

これらに対する首脳部のリーダーシップの発揮が、方針管理の形式化や形骸化を避けるための主要事項である。

1.2.5　方針管理と日常管理

方針管理と日常管理がどのような関係にあるのかを解説する。

（1）　事業計画における方針管理と日常管理の関係

組織の事業目的を達成するためのすべての計画を事業計画とした場合、方針管理と日常管理がセットになって事業計画を実現するという構図になる(**図 I – 1.8**)。事業計画を効果的・効率的に実施するには、方針管理と日常管理のしくみの確立が必須になる。

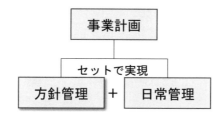

出典） JSQC-Std 33-001：2016「方針管理の指針」、p.9、図3をもとに作成

図 I -1.8　事業計画と方針管理・日常管理

（2）　目的から見たときの方針管理と日常管理の関係

　事業計画で決められた目標は、維持向上（すでに実現できている部分を確実に獲得する活動）と、改善・革新（不足している部分について新たに取り組む活動）の2つの活動で達成することになる。維持向上の領域を日常管理が、改善・革新の領域を方針管理が主に担っている。方針管理は、日常管理だけでは足りない部分について、取り組むべき課題・問題を目的指向や重点指向の考え方で明らかにし、達成・解決する活動である。

　目的から見たときの方針管理と日常管理の関係を図 I -1.9に示す。期末の必達目標に対して従来の延長線上の予測値を既存のプロセスで達成できる部分が日常管理で対応する領域になる。しかし、これだけでは挑戦的な期末目標の達成が困難となる場合、既存のプロセスでない、新たなプロセスを考え出し、目標を達成していくことが必要になる。この部分が方針管理の役割である。例えば、売上の期末目標を仮に100とする。従来のやり方で達成が見込まれるのが80の場合、この部分を日常管理で対処する。日常管理だけでは達成できない不足分の20を方針管理で取り組み、過去にない新たなプロセスを実施して目標達成に臨む。一般的には、日常管理が大半をカバーし、それでカバーしきれない部分を重点的に扱っているのが方針管理である。日常管理は安定したプロセスの獲得をねらい、方針管理はよりよいプロセスの確立をねらうという、両者の目的の違いを意識することが大切である。

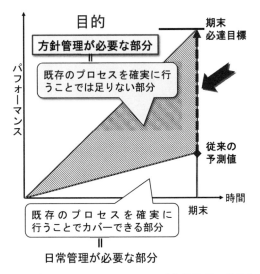

出典）　JSQC-Std 33-001：2016「方針管理の指針」、
p.10、図4をもとに作成

図 I -1.9　　目的から見た方針管理と日常管理の関係

（3）　進め方から見たときの方針管理と日常管理の関係

　方針管理と日常管理について、進め方から見た関係を図 I -1.10に示す。

　方針管理は、右側のサイクルのように挑戦的な目標を達成する現状打破の改善を重視し、問題解決・課題達成の改善手順を踏む。一方、日常管理は、左側のサイクルのように既存プロセスの効率的な実施を重視し、使命・役割から業務プロセスと標準を明確化し、その実施状況を管理項目で評価し、異常があれば応急処置・再発防止する現状維持を主体に SDCA（Standardize-Do-Check-Act）サイクルを繰り返し回す。

　挑戦的な目標の達成が必要な場合は右側のサイクルへ入り、目標を達成して標準化したら左側のサイクルで定着するという、横8の字サイクルを回す進め方である。

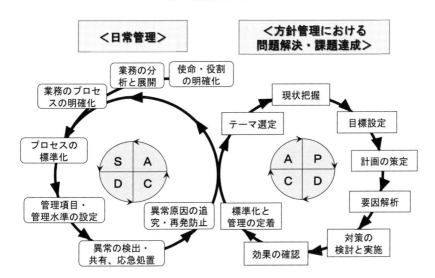

出典）　JSQC-Std 33-001：2016「方針管理の指針」、p.10、図5をもとに作成

図 I -1.10　進め方から見た方針管理と日常管理との関係

1.3　方針管理のしくみ

1.3.1　方針管理のプロセス

　具体的に方針管理を実施するためのしくみが構築されていないと、全部門・全階層の参加やベクトルを合わせることは至難なのが実際である。そのため、方針管理をどのようなプロセスで実施するかを明らかにし、組織の制度としてルール化することが必要になる。基本的な方針管理のプロセスを**図 I -1.11**に示す。

　図 I -1.11は、組織における階層が組織−部門−課・グループという3階層で構成されている。組織は、組織の使命・理念・ビジョンを踏まえた中長期経営計画を策定する。これを受けて、組織方針・部門方針・課グループ方針を3階層の各階層で策定して展開し、実施計画を立案する。方針・実施計画の実施結果と実施状況を評価してフィードバックする。これらの一連の活動が、方針

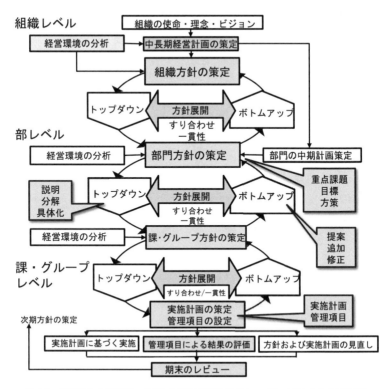

出典）　JSQC-Std 33-001：2016「方針管理の指針」、p.15、図 7 をもとに加筆

図 I -1.11　方針管理のプロセス

管理の基本的なプロセスを構成する。組織によっては 2 階層の場合、もっと多階層の場合もあり、自組織の実態に合わせて適用することになる。

　3 階層の中心にある部門方針は上位方針、経営環境分析、部門中期計画などを踏まえて策定し、課・グループへ展開するプロセスである。方針は、取り組む目的を表す重点課題、達成すべき挑戦的な目標、および目標を達成するための方策という 3 つの要素を明確にし、重点指向で実践することが要点である。

　また、トップダウンによる展開と、ボトムアップによる集約を行うすり合わせによる合意形成のしくみの確立は実務的な難しさを伴うが、全部門・全階層

の参加とベクトル合わせの成否を決定付ける重要なプロセスである。

　方針をそれ以上展開しない重点課題は、5W1Hを明確にした実施計画を立案し、その実施結果を管理項目によって定期的に評価する。

　期末のレビューでは重点課題を特定して次期の方針に反映する。そうしないと方針管理のPDCAサイクルが途中で途切れてしまうことになるが、過去は御破算にして新しい方針を策定することが見受けられる。これではPDCAが回らないので、方針管理のレベルアップが図れない。

　これらの一連の活動をプロセスフローの形で表したのが方針管理の中核となるプロセスである(図Ⅰ-1.11)。このプロセスは、中長期経営計画と方針を策定して展開し、実施結果と実施状況を定期的にチェックし、期末のレビューを経て次期の方針策定に繋げるPDCAサイクルで構成され、組織では通常、方針管理体系図として標準化され運営管理される。

1.3.2　方針管理の時間的な流れ

　方針管理におけるPDCAの1サイクルを表す用語として"期"を用いた場合、期単位の方針管理の時間的な流れを**図Ⅰ-1.12**に示す。組織によって期の単位が1年、半年などいろいろあり得るが、方針管理の年度単位でPDCAサイクルを回す組織が多いため、期を年度に読み替えて説明する。

　図Ⅰ-1.12の中央列を本年度としたとき、前年度(左列)の期末のレビューは本年度の始まる2～3カ月前に開始するのが一般的である。この2～3カ月間に方針の策定と展開、実施計画の策定などの実施準備を行い、本年度を開始する。本年度では、実施計画の実施、管理項目による定期的評価などを行い、本年度の終わる2～3カ月前から期末のレビューを開始し、次年度(右列)に繋げるというサイクルを繰り返すのが原則である。

1.3.3　方針管理におけるPDCA

　方針管理には、組織全体における期単位のPDCA、各部門における期中でのPDCA、環境変化に対応するためのPDCAなど、さまざまなタイプのPDCA

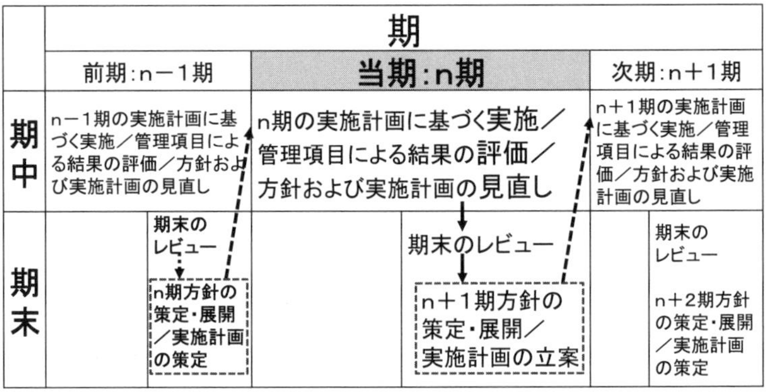

	期		
	前期：n－1期	**当期：n期**	次期：n＋1期
期中	n－1期の実施計画に基づく実施／管理項目による結果の評価／方針および実施計画の見直し	n期の実施計画に基づく実施／管理項目による結果の評価／方針および実施計画の見直し	n＋1期の実施計画に基づく実施／管理項目による結果の評価／方針および実施計画の見直し
期末	期末のレビュー　n期方針の策定・展開／実施計画の策定	期末のレビュー　n＋1期方針の策定・展開／実施計画の立案	期末のレビュー　n＋2期方針の策定・展開／実施計画の策定

出典）　JSQC-Std 33-001：2016「方針管理の指針、」p.14、表3をもとに作成

図Ⅰ-1.12　方針管理の時間的な流れ

表Ⅰ-1.6　方針管理における PDCA の例

	期を単位とする、組織全体でのPDCA	期中におけるPDCA、各部門・各階層でのPDCA	期中における予想外の環境変化に迅速に対応するためのPDCA
計画 Plan	組織として、今期に達成しなければならないことを方針として策定するとともに、組織内に展開し、その実現のための方策を具体化する。また、その過程において、各部門・各階層の課題・問題を集約し、方針の策定・展開に活かす。	各部門・各階層として、今期に達成すべき方針を策定するとともに、その達成のために期中の各時点で行うことに関する実施計画を立てる。	方針の達成に影響を与える組織の外部・内部の環境変化を予測し、必要な対応策を計画する。
実施 Do	定めた方策を確実に実施する。	実施計画どおりに実施する。	環境変化が起こった場合には、事前に策定した対応策に従って対応する。
チェック Check	期末において、各部門・各階層での目標の達成状況や方策の実施状況をレビューし、集約する。未達成・未実施となったものについて原因を追究する。	期中の各時点において、当該の部門・階層での目標の未達成や方策の遅れを適時に確実に捕捉し、その原因を追究する。	環境変化に適切に対応できたかどうかを確認し、方針の達成に影響を与える予想外の環境変化を遅滞なく捉える。
処置 Act	再発防止策を検討し、次期の方針に反映させる。また、方針管理自体についても改善すべき点を把握し、次期の方針管理に活かす。	目標の未達成や方策の遅れに対する応急対策・挽回策を遅滞なく計画・実施するとともに、必要なすり合わせを行って、方針や実施計画を修正する。	予想外の環境変化への対応策を計画し、関連する方針や実施計画を修正する。

出典）　JSQC-Std 33-001：2016「方針管理の指針」、p.12、表1をもとに作成

がある。その代表的な例を**表Ⅰ-1.6**に示す。縦方向にPDCAサイクルを取ったときに、左列は組織全体で期(多くは年度)のサイクル、中央列は部門の実施計画での期中(多くは月次)のサイクル、右列は年度内の環境変化に対応するサイクルを例示した。

1.4 部門における方針管理の基本的な実施事項

方針管理のプロセス(図Ⅰ-1.11)の中心に位置する部門の方針管理が、組織の経営目標・戦略達成の核心になるため、方針管理の基本的な実施事項として部門における中長期経営計画や方針策定、展開、すり合わせ、実施とその管理、期末のレビューの要点を概説する。

1.4.1 中長期経営計画の策定

新製品・新サービスの開発、顧客・販路の開拓・深耕、サプライチェーンのグローバル展開、情報システムの構築、人材育成など中長期的な視点で活動を実施する必要がある部門は、必要に応じて中期(3～5年)または長期(5～10年)の中長期経営計画の策定を要する。中長期経営計画に含まれる主な内容は次のとおりである。

- 対象とする顧客は誰か、顧客のニーズ・期待は何か。
- 提供する製品・サービスは何か、それを通して顧客にどのような価値を提供するのか、顧客価値創造に必要な組織能力は何か。
- 製品・サービスをどのような方法とタイミングで提供するか。
- 競合する他組織を凌駕する方策は何か。
- 必要資源(人、供給者とパートナー、インフラストラクチャー、知的資源、情報、労働環境・業務環境、財務資源、天然資源など)は何か。
- バリューチェーン(顧客に価値を提供するプロセス)を構成する各機能(技術開発、生産、物流、販売など)に対してどのような方向付けが必要か。
- その各機能の実現においてキーとなる基盤に対する方向付け(人材育成、

情報通信技術など)。

　部門を統括する管理者(以下、部門長という)は、方針管理において自部門の目指す姿を指し示すことが肝要であり、部門の中長期経営計画を有力な拠り所にできる。

　中長期経営計画の策定において次を留意する。

①　中長期経営計画の策定または改訂の都度、組織の使命・理念・ビジョンを逸脱していないかを確認する。定期的な見直し時に確認することを失念しがちなので注意する。

②　外部環境変化や顧客のニーズと期待を調査・分析し、リスク・機会を見極める。SWOT(Strengths、Weaknesses、Opportunities、Threats)による分析などの手法を活用する際には、事実・データを根拠に意思決定することの徹底が重要である。

③　顧客価値創造に必要な組織能力の充足度、充当すべき経営資源の過不足、競合組織に対する強み・弱みを考察し、複数のシナリオをつくる。このために課題達成型の手順(成功シナリオの追究など)が活用できる。

④　競合分析やリスク分析からシナリオを絞り込み、中長期経営計画として確定する。

⑤　中長期経営計画は不確定要素が多分に含まれるので毎年見直し、ローリングする(計画の内容を周期的に見直して、部分的に改良を加える)とよい。

1.4.2　部門方針の策定

　部門方針の策定では、部門方針、実施計画、管理項目・管理水準・管理帳票の適切さが肝要となる。

　組織の使命・理念・ビジョンと組織の中長期経営計画を実現するための上位方針を展開した部門方針にも、重点課題、達成すべき目標、および目標を達成するための方策という、方針の3つの要素の明確化が必須である(図Ⅰ-1.6)。部門方針は、部門の中(長)期計画、経営環境分析、期末のレビュー、関連部門の方針などをよく分析して全体最適な視点で策定する。

　部門方針を具体的に実行するための実施計画は、部門方針の方策ごとに、誰が、何を、いつ、どこで、どのように行うかという５Ｗ１Ｈがわかる実施項目を時系列で明らかにし、経営資源の充当を勘案して立案する。

　そのうえで、方針と実施計画が計画どおりに進捗しているかどうかを評価する尺度として管理項目を選定し、達成状況が適切かどうかを判断するための基準となる管理水準(期中の目標値と管理限界値)を決めることになる。管理帳票にグラフや表を設定し、管理水準と実際の値、管理水準が未達成の場合の原因や処置を書き込み、関係者が進捗の状況を把握できるようにする。

　上位方針を展開し、利害関係者とのすり合わせなど一連の活動のもとで、部門のアウトプットは、部門方針、その実行計画である実施計画、方針と実施計画の進捗を評価する管理項目・管理水準ならびにそれらを含んだ管理帳票が主要素である。部門方針の主要なアウトプットと相互関係を図Ⅰ–1.13に示す。

1.4.3　方針の展開とすり合わせ

　策定された方針は、組織の階層に従って下位の方針または実施計画に展開されなければ実行に移せない。そのため、方針の展開が重要であるが、上位方針から第一線までがほぼ同じ内容となってしまう、いわゆる「火の用心、火の用心、…」を繰り返して方策が具体的にならないケースを見受ける。このようなケースはトンネル方針と呼ばれ、上位方針の下位への指示主体の形式的な方針の展開時に起こりがちで、目標達成のための適切な方策が欠落するという形で現れる。さらに、効果、副作用、必要な経営資源などへの考慮を方針の展開で見落とすケースも発生する。このような方針の展開では、関係者が連携した協働による経営目標・戦略の達成がおぼつかない。

　方針の展開の実効を高めるためのしくみとしてすり合わせが重要になる。すり合わせでは、上下職位、関係部門、パートナーなどが一貫性をもって連携する活動をできるようにする。方針は、上位職からのトップダウンにより目的–手段の繋がりをもとに具体的な手段に展開される必要があると同時に、下位職からのボトムアップにより下位職の課題・問題を上位職の課題・問題へと集約

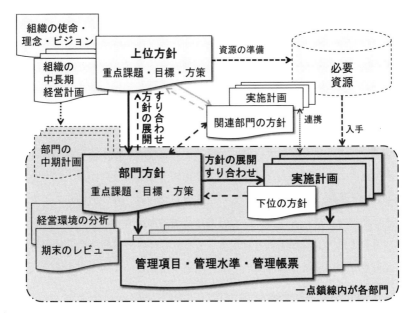

出典）　JSQC-Std 33-001：2016「方針管理の指針」、p.17、図8をもとに作成

図Ⅰ-1.13　方針の策定・展開における主なアウトプットと相互関係

することが重要である。キャッチボールに例えられるすり合わせは、トップダ
ウンとボトムアップの双方向の良好なコミュニケーションのもとで、方針を確
実に展開するための極めて大切な役割を担う。

　方針管理のプロセスの中心に位置する部門長（部門を統括する管理者）を核に
したすり合わせの主な対象者とその概要を**図Ⅰ-1.14**に示す。図Ⅰ-1.14の左側
に示した方針の展開（楕円で囲んだ部分）ですり合わせが行われ、全体最適を指
向して上位職から下位職に至る方針の一貫した展開がなされることが要点であ
る。部門長が誰とすり合わせするかは、上位職と下位職を主体に、関係部門は
もとより、近年拡大するサプライチェーンにおいて協働するパートナーとのす
り合わせが方針達成に大きく影響する。

　上位の管理者が招集するすり合わせにおいて、部門長は、自部門のレビュー

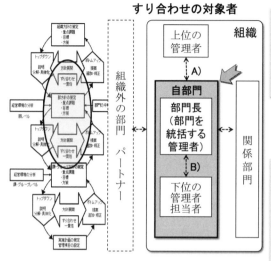

すり合わせの対象者

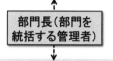

A)上位の管理者が招集

- 自部門のレビュー
- 上位方針の理解
- 上位の管理者への提案
- 経営資源の要望

部門長（部門を統括する管理者）

B)下位の管理者を招集

- 双方向の議論の場づくり
- 複数部門との協力体制
- 下位方針・実施計画が達成されれば自方針が達成できるかを確認

出典）　JSQC-Std 33-001：2016「方針管理の指針」、p.19、図 9 をもとに加筆

図Ⅰ-1.14　すり合わせの概要

結果をもとに上位方針を受けた実現可否を説明できること、上位の管理者に取り上げてほしい重点課題を積極的に提案できること、自方針の達成に必要な経営資源を論理的に要望できることが肝要である。これらの実現は、部門長による期末のレビューが、事実・データに裏付けられた深い分析に基づいているか否かで大きく成否が分かれる。

　一方、下位職を招集するすり合わせでは、部門長は、コミュニケーションの機会にする実質的なすり合わせの場を工夫すること、関係部門・パートナーと連携して何を協働するかを合意形成すること、下位職の方針や実施計画の達成が自方針の達成にどのくらい寄与するかを確認することなどを行う。

　すり合わせの適否によって部門方針の達成可否が大きく左右されるといえる。

1.4.4　方針の実施とその管理

　実施計画が確定したら、この計画に基づいて具体的な活動がなされる必要が

ある。そのうえで、方針が所期の目的を達成しているかどうかをあらかじめ定めた時点でチェックする。方針の実施段階における方針と実施計画の定期的評価では、確認し、必要な処置をとり、変化点に対応するという 3 つの要素が必要であり、これらの活動に部門長など上位の管理者は大きな責務を負っている。定期的評価における確認、処置および変化点管理の概要を図 I -1.15 に示す。

　目標の達成状況の確認は、通常月次を原則に、管理水準と実績とを比較することが基本である。このとき、机上の報告だけでなく三現主義(現場・現物・現実)に徹し、事実・データに基づいて検証することが、方針管理における意思決定の誤りを少なくする秘訣である。また、方針管理の成否を決定づける改善・革新の能力を実施者がもっているか、部門間連携がよいかの見極めを確認時点に行うとよい。

　確認した結果に基づき、管理外れの原因には挽回の手立てを実施するだけでなく、管理外れになった方針管理の問題の原因追究・是正、他部門への影響を考慮した方針または実施計画の変更などの処置をとる。

　内外の変化点に対しては、事前に対応策として BCP(Business Continuity

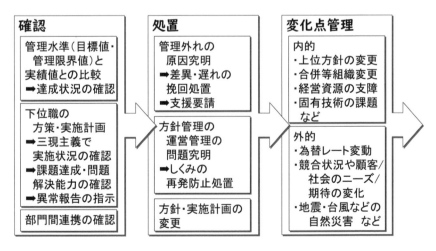

図 I -1.15　定期的評価における確認・処置・変化点管理

Plan、事業継続計画)を作成し訓練しておくことや、危機管理対応をあらかじめ整えておくことが重要になる。

1.4.5　期末のレビュー

　方針管理のプロセスの最終段階である期末のレビューの主な目的は、次期に取り組むべき課題を明確にすることである。方針管理のプロセスの中心に位置する部門長が、期末のレビューで実施する事項として次が挙げられる。

- 下位の管理者や担当者に展開した事項を期末の報告書でレビューする。
- 自部門方針の目標の達成状況(結果)と方策・実施計画の実施状況(プロセス)との対応関係から目標と実績との差異を分析する。
- 部門の期末のレビュー結果を報告書にまとめ上位の管理者のレビューを受ける。
- 方針管理のプロセス・システム、運営管理などの問題を摘出して見直す。

　期末のレビューは組織の第一線から上位に向かって順次行うのが、事実・データに基づく意思決定を積み上げられる観点から一般的である。期末のレビューのタイミングは、次期の方針の策定と展開に間に合うように、次期が開始される2～3カ月前から実施することが望まれ、実績がまだ出ていない時点でのレビューは実績見込みを予想して行うことで対処する。

　期末のレビューにおいて方針の達成度を評価するには、目標と実績との差異分析・原因分析をどう行なうかが要になる。目標と実績との差異分析は、重点課題ごとに、目標の達成状況と、方策・実施計画の実施状況という、結果だけではなくプロセスを含めた評価を行う。そのため、表Ⅰ-1.7に示すA～Dの4タイプの視点から分析する。

　タイプAは、目標を達成し、目標を達成するための方策・実施計画も実施したケースである。これで安堵せず、成功要因を必ず分析する。また、目標が妥当だったか、どの方策・実施計画の寄与度が大きかったかなどを分析する。

　タイプBは、目標は達成したが、方策は未実施だったケースである。このケースでは"結果よければ、すべてよし"とせず、方針策定時に考慮しそこ

表Ⅰ-1.7　目標の達成状況と方策・実施計画の実施状況との対応関係

タイプ	目　標	方策・実施計画
A	○（達成）	○（実施）
B	○（達成）	×（未実施）
C	×（未達成）	○（実施）
D	×（未達成）	×（未実施）

出典）　JSQC-Std 33-001：2016「方針管理の指針」、p.24、
表4をもとに作成

なった方策は何か、その寄与度はどのくらいか、なぜ方策が未実施だったのか
などを分析する。

　タイプCは、方策は実施したが、目標は未達成のケースである。このケース
では、方策が見当違いだったのか、方策の寄与度が高くなかったのかなどを分
析する。問題解決力が高くない場合に見受けられることも多く、品質管理教育
が不足していたときに往々にして発生するケースである。

　タイプDは、目標も方策も計画どおりにできなかったケースである。この
ケースでは、まず方策を実施できなかった理由を分析する。

　方針管理は既存ではない新しいプロセスによって目標を達成することを重視
しているため、結果と結果を生んだプロセスとを組み合わせて考察することが
重要である。

　期末のレビュー結果に基づき部門長がとるべき基本的な処置としては、次の
事項がある。

- 次期以降の方針・中期計画に分析の結果を反映する。

- 改善すべき事項は、固有技術と管理技術の面から再発防止処置をとる（例
　えば、技術標準の制定・改訂、顧客の潜在ニーズを把握するしくみ・プロ
　セスなど）。

- 組織全体のマネジメントシステム（品質保証、原価管理、納期管理、安全

管理、人事管理など)に関して改善すべき事項は、期末のレビューの機会
などで当該事項を担う主管部門へ提案する。

- 所期の目的が達成して次期への課題にならなかった方針は、標準化して日
  常管理へ移行する。
- 自部門の方針管理のプロセスやシステムに改善すべき事項を反映する(例
  えば、すり合わせの仕方、期末レビューの分析方法、次期方針の重点課題
  の絞り込み方など)。

第2章 変化に対応し、経営目標・戦略を実現する方針管理と日常管理

本章は、経営目標・戦略を実現するための方針管理と日常管理のあり方を考察し、両者を組み合わせた運営管理をどのように行ったらよいか、また変化対応のプロセス・システムをどのように確立したらよいかについて解説する。

変化対応は、組織が経営環境に応じて自ら意図した変化を自律的に創出することや、組織が予期していなかった大きな変化に適切に対応することを指す。

2.1　方針管理における有効性の向上・効率化を妨げる問題

方針管理が経営目標・戦略を達成するための有力な経営ツールとして変化対応を行っていくうえで代表的な問題を摘出すると次の3点が挙げられる。

第1点目の問題は、売上や利益など財務的な業績目標に偏重する方針が数値や形容詞だけを変えて毎年繰り返されると、経営環境に適応して自らを変化させていくことや、経営環境の変化に適切に適応していくための、本質的な課題を見逃してしまうことである。

その結果、急激な為替変動、世界の政治経済を揺るがす紛争勃発、未曽有のパンデミックなど予期しない大変化が起きたとき、非公式でその場しのぎ的な処置に陥ると、変化対応を組織的に行うための方針管理のよさが発揮されない。また、毎年同じような方針が繰り返し羅列されると、トップマネジメントが真に実施したい重点課題と遊離し、方針管理への関心が希薄になる。さらに、方針が総花的になると限られた経営資源を有効に投下できなくなる。

　第 2 点目の問題は、方針管理と日常管理をうまく組み合わせて活用して運用する方法が明確でなく、方針管理と日常管理の目的に合致した活動にならないことである。

　その結果、方針管理で対応すべき事項と日常管理で対応すべき事項が適切に切り分けられず、方針管理ですべて処置しようと目論むことや、日常管理の対象は重要でない事項と誤解して本来は日常管理で対応すべき事項が抜け落ちてしまう。さらに、日常管理は現場第一線のみが実施することと勘違いし、トップマネジメントや上級管理者が管理すべき対象から日常管理が欠落する。加えて、方針管理の進捗をチェックするのが日常管理であるという誤認識を生じる。

　第 3 点目の問題は、期中における変化対応のプロセス・システムがなく、予期しない変化への適切な対応や組織が意図した変化の創出が実現できないことである。

　その結果、変化に応じて時宜にかなった適切な組織的対応ができなかったり、また、その場しのぎ的な変化への非公式な処置や、特命による処置に過度に依存することとなり、本来の方針管理が空洞化し、形式化や形骸化がもたらされる。このような安易な変更が常態化すると、事業計画の達成を阻害することになる。

　方針管理における有効性の向上・効率化を妨げる問題を表 I –2.1 に例示する。

2.2　変化に対応し、経営目標・戦略を実現する方針管理と日常管理の考え方

　方針管理の有効性の向上・効率化を妨げる問題は、方針管理と日常管理のあり方を確立したうえで、両者を組み合わせて活用するプロセス・システムを構築し、運営管理することで解決が促される。変化に対応し、経営目標・戦略を実現するための方針管理と日常管理は次の考え方に留意する。

　①　日常管理を組織経営の基盤に据える。

　②　日常管理では対応できない対象を見極め、組織の使命・理念・ビジョン

表Ｉ-2.1　方針管理における有効性の向上・効率化を妨げる問題

1．方針管理の方針が業績（例えば、財務結果）の観点からのみ選定され、毎期定型的で代わり映えがしない方針が羅列されると、変化へ対応すべき本質的な課題認識が弱まる。
1.1　真に変化に対応しなければならない対象に対し、方針管理のしくみによらず非公式な特別対応で処置すると、方針管理で構築したしくみが活用されず、統一性を欠き、うまく対応できない。
1.2　トップマネジメントは、真意で実施したい事項を取り上げない方針管理には意義を見失ってしまう。
1.3　重要項目を絞り切れない方針管理は、組織全体として有効性の乏しい書類の増大をもたらす。
2．方針管理と日常管理の関係は概念的な解説がなされているが、両者を組み合わせて活用・運用する方法が明確でなく、有機的な連携による相乗効果を得にくい。
2.1　方針管理と日常管理で対応する事項が錯綜したり、日常管理は優先順位の低い事項に片寄ったりする。
2.2　日常管理の対象とすべき事項が抜けてしまい、日常管理として本来実施すべき事項が欠落する。
2.3　日常管理は現場第一線のみが行うことという誤解などから、組織全体としての日常管理のネットワークが検討されないと、トップマネジメントを含む上位管理者の管理対象から日常管理が抜け落ちてしまう。
2.4　方針管理の管理項目の進捗を定期的にチェックするのが日常管理であると誤解している。
3．期中に大きな環境変化が起きた場合、または変化の創出を積極的に意図した場合、これらに対する対応のしくみが不明確で、変化に対応または変化を創出しにくい。
3.1　変化に対して公式に方針変更をせず非公式に処置する、または公式な方針変更によらずに部門長の特命事項としての処置が優先されるなどによって、方針管理の形式化・形骸化が誘引される。
3.2　安易な変更が常態化すると、中長期での事業計画の達成が難しくなる。

および経営目標・戦略を実現するための重点課題を特定する。

　③　この重点課題を解決していく経営ツールとして方針管理を活用する。

　④　以上のことが可能なプロセス・システムを確立して運営管理する。

この考え方に基づく取組みは次項を念頭に置いて実施するとよい。

- 方針管理と日常管理が有機的に結び付き連携し、相乗効果を上げるためのプロセス・システムを検討する際は、日本品質管理学会が制定した規格や、方針管理、日常管理、小集団改善活動などの該当 JIS との整合に留意する。
- 意図した変化の創出または予期しない変化に的確かつタイムリーに対応する方針管理と日常管理を組み合わせたプロセス・システムを明確化する。

2.3　方針管理と日常管理を組み合わせた運営管理の基本概念

2.3.1　組織の事業計画を実現する方針管理と日常管理

　事業目的を達成するために組織と各部門が行うべき活動に関するすべての計画を事業計画と総称したとき、方針管理と日常管理がセットになって事業計画を実現する構図になる（図 I -2.1）。事業計画には、組織全体の事業計画、組織全体の事業計画を受けて各部門が行うべき活動に関する事業計画などがある。事業計画の実施に伴う業務量は、日常管理のほうが方針管理に比べて相対的に多くなる。

　日常管理は、目標を現状またはその延長線上に設定することから、目標からずれないように、ずれた場合にはすぐに元に戻せるように維持し、さらによりよい結果に向上することを主眼に、安定したプロセスの獲得をねらっている。このことは、日常管理の要件として重要である。

　方針管理と日常管理の目的を実現するには、方針管理と日常管理のプロセス・システムの確立と、それらの確実な運営管理が不可欠である。方針管理と日常管理とを合理的に組み合わせ、事業計画を実現するプロセス・システムを構築し、適切に運営管理することができれば、日常管理で実施できない事業計画は方針管理の一環に区分けされ、迅速で重点的な取組みが可能になる。

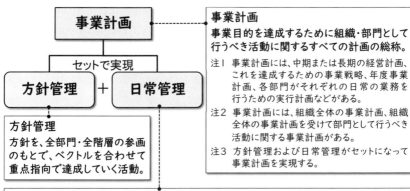

図Ⅰ-2.1　組織の事業計画を実現する方針管理と日常管理

2.3.2　方針管理と日常管理のあり方

　方針管理と日常管理の関係を端的に表す特徴的な概念は、品質管理学会規格（またはJIS）[2][3]により正確に捉えることができる。TQMの中核的な活動になる維持向上・改善・革新（図Ⅰ-1.2）において、維持向上は日常管理、改善・革新は方針管理が主に担う領域になる。

　目的から見た方針管理と日常管理のあり方は、既存のプロセスを確実に行うことでカバーできる部分において安定したプロセスを獲得するための活動が日常管理、また既存のプロセスを確実に行うことでは足りない部分においてよりよいプロセスを確立するための活動が方針管理になる（図Ⅰ-1.9）。

　進め方から見た日常管理と方針管理のあり方は、次のように整理できる。

　日常管理の進め方は、SDCAサイクルを基本に置き、S（Standardize）では、結果に影響を与える要因（例えば、人、設備・機械、材料・部品、作業方法）を

一定の条件に維持するための原因に関するノウハウを明確化してプロセスの標準を設定し、教育・訓練する。D（Do）では、標準のとおりに実施する。C（Check）では、結果が正常か・異常かを判定する。通常と違う異常であれば、原因を追究し、標準の不十分さを是正処置したり、標準の順守を徹底したりする。A（Act）では、標準の内容が確実に守られるようにプロセスを向上する。SDCAサイクルを繰り返し回すことによってプロセスの安定化を図っていく（図Ⅰ-1.10左図）。

　一方、方針管理の進め方は、挑戦的な目標を達成するための現状打破の改善を重視し、問題解決・課題達成の改善手順を活用して解決を図り、効果を確認したら標準化する（図Ⅰ-1.10右図）。より高い目標達成が必要な場合は方針管理の進め方を適用し、目標を達成し標準化したら日常管理のサイクルに進んで定着するという進め方が、日常管理と方針管理を進め方から見たあり方になる。

2.4　方針管理と日常管理を組み合わせた運営管理の進め方

2.4.1　方針管理と日常管理のプロセス

　方針管理と日常管理の各々の基本的なプロセスを**図Ⅰ-2.2**に示す。

　方針管理のプロセス（図Ⅰ-2.2左側）は、組織の使命・理念・ビジョンを踏まえた中長期経営計画を策定し、組織方針・部門方針を立案して展開、実施、評価するための、組織レベルと部門レベルが2階層の場合の基本的なプロセスを表している。部門方針は、上位方針、経営環境の分析、部門の中期計画などに基づき策定される。そのうえでトップダウンによる展開と、ボトムアップによる集約を行うすり合わせによる合意形成が行われる。方針をそれ以上展開しない段階で実施計画を立案し、実施結果を管理項目によって定期的に評価する。期末においてレビューし、翌期の方針へ反映する。このように方針管理のプロセスはPDCAサイクルで構成される。

　日常管理のプロセス（図Ⅰ-2.2右側）の主要事項は、使命・役割を明確化し、

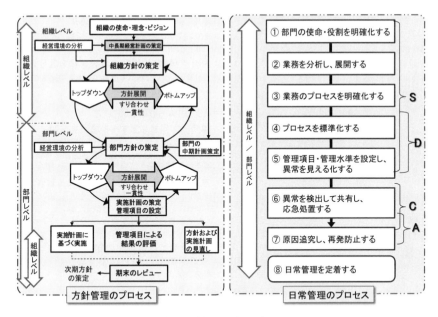

出典)　JSQC Std 33-001：2016「方 針 管 理 の 指 針」p.15、図 7 、JSQC Std 32-001：2013
　　　　「日常管理の指針」p.13、図 7 をもとに作成

図 I -2.2　方針管理と日常管理のプロセス

業務を分析し展開する(①、②)。これに基づき業務のプロセスを明確化し標準
化する(③、④)。標準を順守して業務を実施し、その結果を管理項目・管理水
準により異常を見える化する(⑤)。異常を検出したら応急処置、原因追究、再
発防止する(⑥、⑦)。これらを繰り返し、日常管理を定着する(⑧)という、SDCA
サイクルを基本に据えて構成されるプロセスである。

2.4.2　方針管理と日常管理を組み合わせて運営管理する枠組み

　組織が方針管理と日常管理のプロセス・システムを個別に運営管理していて
は相乗効果を得られない。方針管理と日常管理の特徴を活かし、両者の目的を
達成できる一体的な運営管理のための枠組み(**図 I -2.3**)が必要になる。

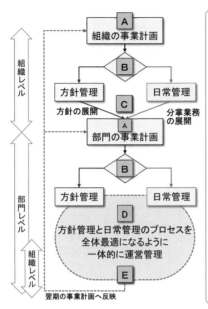

図 I -2.3　方針管理と日常管理を組み合わせて運営管理する枠組み

（1）　組織と部門の事業計画の明確化

　組織のトップマネジメントや部門長は、組織と自部門の事業計画は何かを確定することにリーダーシップを主体的に発揮することが原点になる。

　事業計画にトップマネジメントや部門長の実施したい事項が盛り込まれることによって、表 I -2.1の1.2に例示した問題の解決促進が期待できる。

（2）　方針管理と日常管理で取り組む事項の区分け

　方針管理または日常管理で取り組む事項は、（1）の事業計画の中から区分けする。方針管理は、既存のプロセスを行うことでは達成できない事業計画の中から重点的に取り組み達成すべき事項を重点課題として取り上げる。それ以外の事項は、既存のプロセスを維持向上して業務目的を効果的・効率的に達成するための日常管理で取り組む対象に区分けする。これが方針管理と日常管理で

取り組む事項の区分けの基本になる。

　方針管理または日常管理で取り組む事項が適切に区分けられることによって、表Ⅰ-2.1の2.(2.1〜2.4)に例示した問題の解決促進が期待できる。また、方針管理で取り組む対象が絞り込まれることによって、表Ⅰ-2.1の1.2と1.3に例示した問題の解決促進が期待できる。

（3）　部門へ方針と分掌すべき業務を展開

　組織の事業計画を上下職位間と関係部門間ですり合わせ、方針と分掌すべき業務を該当部門へ展開する。各部門は展開された事項を自部門の事業計画に統合し、自部門の事業計画を確定する。そのうえで、自部門として方針管理または日常管理で取り上げる事項を区分けする。

（4）　方針管理と日常管理の運営管理

　組織のトップマネジメント、管理者、担当者など組織の人々は各々の職位職能に応じて維持向上・改善・革新を実施し、よりよいプロセスを確立する改善・革新を主体にした方針管理と、安定したプロセスを獲得する維持向上を主体にした日常管理を組み合わせ、運営管理する。このことの適切な実施によって、表Ⅰ-2.1の2.(2.1〜2.4)に例示した問題の解決促進が期待できる。

（5）　レビューと継続的改善

　変化をモニタリングし、変化に対して組織的かつ迅速に方針管理と日常管理のプロセス・システムに準拠して対応する。方針管理と日常管理を組み合わせた運営管理、および変化対応の実現度合いをレビューして事業計画の達成度を評価し、事業計画の見直しと改訂、（1）〜（4）のプロセス・システムを改善する。これによって、表Ⅰ-2.1の1.1と3.に例示した問題の解決促進が期待できる。

　図Ⅰ-2.3の枠組みが事業計画を達成するための方針管理と日常管理を組み合わせた運営管理の枠組みの主要点である。**図Ⅰ-2.4**は、この枠組みに基づいた方針管理と日常管理の運営管理の全体像と変化対応の基本的な手順(①〜⑧)で

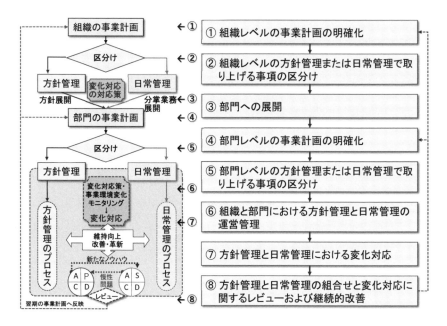

図 I -2.4　方針管理と日常管理を組み合わせた運営管理と変化対応の進め方

ある。

2.4.3　アンケート調査による意見照会

　方針管理と日常管理を組み合わせた運営管理と変化対応について、妥当性と組織で適用できるかを検証するため方針管理研究会のメンバーにアンケート調査を行った（**図 I -2.5**）。

　その結果、方針管理と日常管理を組み合わせて一体的に運営管理するモデル（図 I -2.4左図の原案）の妥当性は許容範囲内と認められるが、自組織での適用可否はばらつきが大きい。特に、事業計画が確立していれば適用できるとしながらも、事業計画を確定していなことや、日常管理へ事業計画を反映していないなど、事業計画をどのように確立したらよいかの明確化が求められた。

　変化対応は、モデル（後述する図 I -2.16の原案）としての妥当性と自組織で

1. 調査目的：方針管理と日常管理を組み合わせた運営管理モデルと期中における変化対応モデルの2つのモデルの妥当性と自組織への適用可能性の検証
2. 調査対象：第3期の方針管理研究会の参加企業メンバー
　　　　　　対象者はWG-1～WG-3の13名、アンケート回答者は9名（回答率69.2%）、企画委員1名
　　　　　　（参加企業はTQM奨励賞、デミング賞、デミング賞大賞の受賞企業）
3. 調査期間：2022年9月2日（金）～9月16日（金）
4. 調査方法：Webアンケート
5. 調査様式：0（否）～3（可）を0.5刻みの7段階で評価のうえ、自由意見記入方式
6. 意見照会の調査結果　☞　下図参照

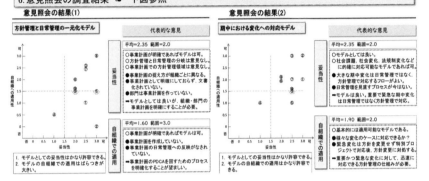

図Ⅰ-2.5　アンケート結果

の適用は許容できると判断された。しかし、変化のさまざまなケースに対応できるか、緊急な変化は方針を変更しないで特別プロジェクトで対応後に必要に応じ方針を変更するという意見もあり、重要かつ緊急な変化に迅速に対応できる方針管理と日常管理のプロセス・システムを明確化する必要があった。

2.4.4　方針管理と日常管理へ事業計画を区分けするプロセス

　予備調査の結果、要望などをもとに、事業計画のうち、既存のプロセスで達成できない重点課題を重点指向で絞り込み、経営資源を集中的に投下して現状打破する事業計画は、方針管理を適用する区分けにした（図Ⅰ-2.6左側）。また、既存のプロセスを維持向上し、業務目的を効果的・効率的に達成するために、目標からずれないように、ずれた場合はすぐに元に戻せるように維持し、さらによりよい結果に向上することによって、業務目的を効果的・効率的に達成す

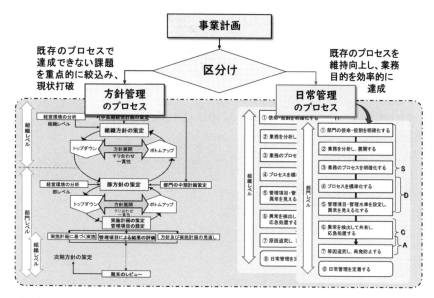

注)　方針管理のプロセスは JSQC Std 33-001「方針管理の指針」、日常管理のプロセスは JSQC
　　 Std 32-001「日常管理の指針」、または組織の方針管理・日常管理のプロセスを適用。

図Ⅰ-2.6　事業計画を方針管理と日常管理に区分けし、運営管理するしくみ

る事業計画は、日常管理を適用する区分けにした(図Ⅰ-2.6右側)。

　方針管理のプロセス(図Ⅰ-2.6左側)は JSQC-Std 33-001：2016「方針管理の
指針」(または JIS Q 9023)、日常管理のプロセス(図Ⅰ-2.6右側)は JSQC-Std
32-001：2013「日常管理の指針」(または JIS Q 9026)の適用を基本にしたが、
組織がすでに方針管理または日常管理のプロセスを構築している場合は、組織
のプロセスを用いることができる。なお、図Ⅰ-2.6右側の事業計画から区分け
された日常管理では、部門レベルと組織レベルで対応する事項がある。

2.4.5　方針管理と日常管理を組み合わせて運営管理するための実施事項

　方針管理と日常管理を組み合わせた運営管理は次の実施事項が基本になる
(図Ⅰ-2.4右側の手順①〜⑥)。

① 組織レベルの事業計画の明確化

顧客価値創造の実現を目指す品質保証を志向する TQM 実施のため、組織が運用している方針管理と日常管理にかかわるすべての計画を洗い出す。そのうえで、事業計画とする計画を決める。事業計画は、一つの計画で網羅または完結することが難しいのが実際で、中長期経営計画などの多様な計画が含まれる（図 I -2.1）。また、文書化されてなくても、組織が公認し供用している業務遂行に不可欠な規範、慣行、慣例なども事業計画として認定することで、事業計画として位置付けられる。事業計画に確定した個々の計画（例えば、経営計画）は、それぞれの計画を運用する手順（例えば、経営計画運用規程）に従って管理される。組織レベルの事業計画の明確化の要点を**図 I -2.7**に示す。

② 組織レベルの方針管理または日常管理で取り上げる事項の区分け

トップマネジメントのリードのもとで、方針管理の計画立案時を原則に、方

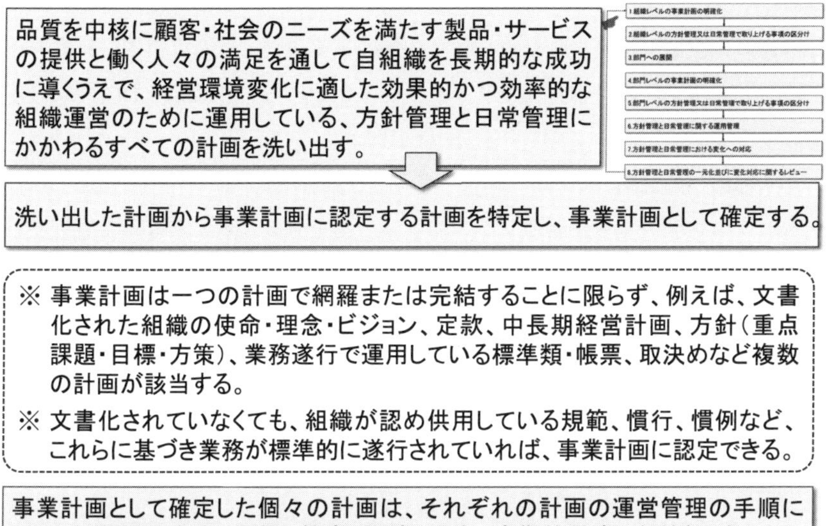

品質を中核に顧客・社会のニーズを満たす製品・サービスの提供と働く人々の満足を通して自組織を長期的な成功に導くうえで、経営環境変化に適した効果的かつ効率的な組織運営のために運用している、方針管理と日常管理にかかわるすべての計画を洗い出す。

1 組織レベルの事業計画における明確化
2 組織レベルの方針管理又は日常管理で取り上げる事項の区分け
3 部門への展開
4 部門レベルの事業計画の明確化
5 部門レベルの方針管理又は日常管理で取り上げる事項の区分け
6 方針管理と日常管理に関する運用管理
7 方針管理と日常管理における変化への対応
8 方針管理と日常管理の一元化並びに改善及び対応に関するレビュー

洗い出した計画から事業計画に認定する計画を特定し、事業計画として確定する。

※ 事業計画は一つの計画で網羅または完結することに限らず、例えば、文書化された組織の使命・理念・ビジョン、定款、中長期経営計画、方針（重点課題・目標・方策）、業務遂行で運用している標準類・帳票、取決めなど複数の計画が該当する。

※ 文書化されていなくても、組織が認め供用している規範、慣行、慣例など、これらに基づき業務が標準的に遂行されていれば、事業計画に認定できる。

事業計画として確定した個々の計画は、それぞれの計画の運営管理の手順に従って、計画の立案、承認、教育・訓練、順守、定期的見直しなどを行うことによって、事業計画に基づく活動の有効性と効率を高めていく。

図 I -2.7　組織レベルの事業計画の明確化の要点

針管理で取り上げる事項と、日常管理で取り上げる事項を区分けする。

1）　方針管理で取り上げる事項

　既存のプロセスを行うことでは達成できない事業計画の中から、重点課題として取り上げる事業計画を対象にする。例えば、事業計画の中で、市場の変化や顧客ニーズの変化を捉え、組織の目指す姿の実現に向けた経営課題の改善・革新を図るための現状打破が組織として不可欠な最優先の計画などである。

　組織として優先順位の高いものに絞って取り組み達成すべき事項である重点課題は3〜5項目程度を目安に重点指向で決定することに留意する。これによって、経営資源の集中的な投下による挑戦的な目標の達成がより確実になる。また、このことが表I-2.1に例示した1.2と1.3の問題解決に寄与する。

2）　日常管理で取り上げる事項

　既存のプロセスを行うことでカバーし、維持向上する事業計画が対象になる。事業計画の中で、組織の使命・理念・ビジョン、中長期経営計画などの遂行に必要な業務、現在行っている業務の遂行にかかわる計画などが含まれる。業務とは使命・役割を達成するために行う必要のある活動・行為を指す。組織レベルの方針管理または日常管理で取り上げる事項の区分けの要点を図I-2.8に示す。

③　部門への展開

　トップマネジメントが組織レベルの事業計画を方針管理または日常管理で取り上げる事項に区分けし、すり合わせを行いながら該当部門へ展開するプロセスを図I-2.9(a)に示す。各部門は、上位職から展開された事項を自部門の事業計画に統合したうえで、方針管理と日常管理で実施すべき事項を区分けする。

　事業計画のうち方針管理で取り上げる計画は、上位方針達成のための手段が因果関係で繋がる連鎖により担当部門(必要な場合は部門横断チーム)へ方針管理で取り組む事項として展開し、日常管理で取り上げる計画は部門が司る分掌業務(いかなるときでも部門が果たすべき使命・役割)に基づき主管部門へ日常管理で取り組む事項として展開する(図I-2.9(b))。一方、上位職が方針管理で取り組む計画であっても下位職の方針管理として取り上げない計画もあり、

> トップマネジメントは、事業計画のうち方針管理で取り上げる事項と日常管理で取り上げる事項とをリーダーシップを発揮して区分けし、運営管理する。

組織レベルの方針管理で取り上げる事項および日常管理で取り上げる事項は、事業計画として確定した各計画の諸活動に対し、原則として方針管理の計画立案時において、次の(A)と(B)を考慮して区分けする。

(A) 方針管理で取り上げる事項

事業計画において、既存のプロセスを行うことでは達成できない項目の中から、**重点課題**（組織として優先順位の高いものに絞って取り組み、達成すべき事項）として取り上げる事業計画を対象にする。例えば、市場変化・顧客ニーズの変化を捉え、組織のありたい姿の実現に向けた課題の改善・革新計画。
重点課題は重点指向で決定する（3～5項目程度を目安）。

(B) 日常管理で取り上げる事項

事業計画において、既存のプロセスを行うことでカバーすべき事業計画が対象になる。例えば、現在行っている業務（使命・役割を達成するために行う必要のある活動・行為）、組織の使命・理念・ビジョンや中長期経営計画などから決まる業務。

図Ⅰ-2.8　組織レベルの方針管理または日常管理で取り上げる事項の区分け

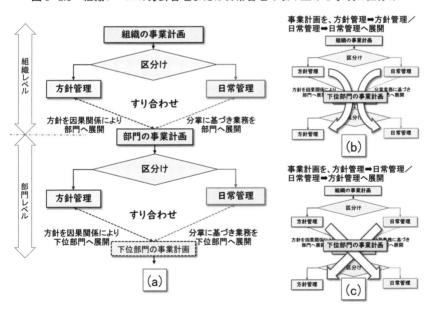

図Ⅰ-2.9　事業計画を方針管理または日常管理へ区分けし展開するプロセス（概念）

また上位職が日常管理で取り組む計画であっても下位職では方針管理に取り上げる場合がある（図Ⅰ-2.9(c)）。これらをすり合わせにより適切に区分けすることが、表Ⅰ-2.1に例示した2.1と2.2の問題解決に寄与する。

上位組織の事業計画の下位組織への展開の基本は、すり合わせによって、取組みの一貫性、具体性、経営資源の適時・適切な用意などを確実にすることが要件になる。下位組織が取組みを行うことによって、上位組織の事業計画の何がどのくらい達成できるかをすり合わせ時に見極めることが大切である。

トップマネジメントは、組織の事業計画のすべてを下位組織へ展開するとは限らず、自らが主体的に対応すべき事項があり、方針管理と日常管理のプロセス・システムに則って対応する必要がある。このことが、表Ⅰ-2.1に例示した2.3の問題解決に寄与する。

④　部門レベルの事業計画の明確化

部門レベルの事業計画の明確化は、組織レベルと同じ進め方（①）を応用する。

部門長は、自ら主体性をもってリーダーシップを発揮し、組織の事業計画のうち、自部門として取り組まなければならないすべての事業計画を整理し、自部門の事業計画を確定する。部門の事業計画は、上位組織から展開された方針管理と日常管理に関する事業計画、当該部門として既存の事業計画、関係部門から要請されたことなど多岐にわたる。これらを単一の事業計画として一本化する必要はないが、自部門の事業計画が何かを明確化することが要諦である。

⑤　部門レベルの方針管理または日常管理で取り上げる事項の区分け

部門の方針管理または日常管理で取り上げる事項の区分けは、組織レベルの進め方（②）と同じである。部門長は、自らリーダーシップを発揮し、事業計画のうち方針管理で取り上げる事項と日常管理で取り上げる事項とを明確に区分けし、経営資源の適時・適切な充当を確実にして運営管理する。

部門レベルの方針管理または日常管理で取り上げる事項は、原則として方針管理の計画立案時に、次の1）と2）を考慮して区分けする。

1) 方針管理で取り上げる事項

事業計画において、既存のプロセスを行うことでは達成できない事項の中から、重点課題として取り上げる事業計画を対象にする。例えば、市場変化・顧客ニーズの変化を捉え、自部門の目指す姿の実現に向けた重点課題に対して、経営資源を集中的に投下して改善・革新するための計画などである。重点課題は、3〜5項目程度を目安に重点指向で決定する。

2) 日常管理で取り上げる事項

事業計画において、既存のプロセスを行うことでカバーすべき事業計画が対象になる。例えば、組織の使命・理念・ビジョンや中長期経営計画などから決まる自部門の分掌にかかわる業務、現在行っている使命・役割を達成するために行う必要のある活動・行為などが含まれる。

⑥ **組織と部門における方針管理と日常管理の運営管理**

組織と部門における方針管理と日常管理の運営管理として、1)方針管理で取り上げた事項と、2)日常管理で取り上げた事項の実施は次に基づく。

1) 方針管理で取り上げた事項

方針管理で取り上げた事項は、トップマネジメント、部門長など組織の人々が、各々の職位職能に応じて全体最適の視点から、よりよいプロセスの確立を目的に、現状打破の挑戦的な目標達成のための改善・革新を主体に実施し、実施結果と実施状況を評価し、必要に応じて処置する。

2) 日常管理で取り上げた事項

日常管理で取り上げた事項は、職位職能に応じ、既存のプロセスに則り安定したプロセスの獲得を目的に、維持向上を主体に実施し、管理項目などによってあらかじめ定めた時点でチェックし、異常を検出した場合は原因究明して再発防止する。

方針管理と日常管理の運営管理では、管理項目と管理水準を用いて変化の兆しを察知することが要になる。方針管理の管理水準は、それぞれの時期における管理水準として実施計画で定められた実施事項と整合するように最終の目標値に到達するように変える。一方、日常管理の管理水準は、中心値を現状で達

成している水準をもとに設定し、その管理水準の管理限界値は、プロセスが安定状態かどうかを客観的に判定する値とし、それぞれの時期で一定または従来の延長線上になる。管理項目は、職位別部門別管理項目一覧表などで整理する。

2.4.6　【事例1】コーセル(株)における方針策定プロセスの再構築

　経営計画の策定・展開での VFC チャートの創設、方針管理と日常管理の再定義などを行い、方針管理と日常管理の効果的運用に臨んだ事例を紹介する。

- -

(1)　会社概要

　コーセル(株)は、1969年にエルコー(株)として設立された。「品質至上を核に社会の信頼に応える」を経営理念に掲げ、「技術開発」を事業のコアに置き、直流安定化電源を主とした製品とサービスによって社会の発展に貢献すべく事業を行ってきた(1992年より現社名)。現在、日本国内をはじめ世界各地域をマーケットとして事業拡大を図っている。本社を富山県富山市に置き、資本金20億55百万円、連結での従業員数707名、売上高352億66百万円である(2023年5月)。主要製品を図 I -2.10に示す。

(2)　方針管理における課題

　コーセルは、1981年に TQC(現 TQM)を導入し、翌年に方針管理を取り入れ、経営品質向上に向けた組織能力強化に努めてきた。しかし、顧客・社会のニーズの多様化、経営環境の激変が顕著となってきた2020年代を迎え、方針管理の有効性と効率をさらに高めるうえで方針策定段階における次の2つの課題を認識し、その解決への取組みを強化した。

　課題1：経営計画(売上・利益計画)と方針との関連、および上位と下位方針の結び付きが曖昧である。

　課題1により誘引され顕在化した代表的な事象は次のとおりである。

- 経営計画への方針の寄与度が希薄で、成果が見えない。

- 重要業績評価指標(Key Performance Indicator、以下 KPI という)として

ユニット電源　　　　　オンボード電源　　　　ノイズフィルター

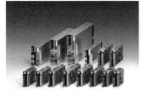　　

筐体で覆われた電源　　　基板に実装する電源　　ノイズによる誤動作防止機器

図 I -2.10　主要製品

適切な指標やレベルを設定できていない。

• 部門を横断する問題・課題の本質に切り込めていない。

• 方針を現場に理解・浸透させることが難しい。

課題2：方針管理と日常管理の位置付けおよび定義が曖昧で、両者を組み合わせた効果的・効率的な運用ができていない。

課題2により誘引され顕在化した代表的な事象は次のとおりである。

• 方針管理の項目の中に、日常管理の要素が混在する。

• 方針管理の項目数が多くなり、重点的な取組みになっていない。

• 時間をかけているわりに方針管理と日常管理のそれぞれのねらい・目的が果たせていない。

（3）　方針策定段階における方針管理の課題に対する取組みの要点

　課題1に対して、経営計画における目的、目標と方針展開、KPI 設定などが密接に連動し、機能・部門ごとに生み出す価値と機能展開・コスト分析の確立を重点に、方針策定プロセスを再構築する。

　課題2に対して、方針管理と日常管理の位置付けと定義の明確化、および方針管理と日常管理を組み合わせた運用プロセスの見直しを重点に、方針策定段階での方針管理と日常管理のかかわり方を明確化する。

（4）［課題1］方針策定段階における方針管理のプロセス・システムの再構築

　価値（V）を中心に、機能（F）と売上/コスト（S/C）を蝶ネクタイの形に組み合わせた VFC チャートを活用することにした（**図Ⅰ-2.11**）。VFC チャートのねらいは、機能（F）の役割明確化とその機能の展開、および重点活動の施策と重要 KPI の抽出である。

　VFC チャートを活用した全体プロセスを**図Ⅰ-2.12**に示す。方針策定段階において、機能別・部門別 VFC チャートにより明確化した KPI とポテンシャルリスクに基づく全社経営視点 VFC チャートを企画した。これをもとに、全社KPI を設定し、中期経営計画および年度方針へ反映し、運用するプロセスを再構築した。

　VFC チャートを活用するうえでのポイントは次の事項である（**図Ⅰ-2.13**）。

①　顧客価値向上を目指す経営課題・目標の達成を目的に、全社経営視点
　　VFC チャートを作成し活用する。価値（V）を実現するための各機能（F）
　　の繋がり、および PL（損益計算書）視点によるコスト（C）要素の繋がりの
　　明確化が要点である。

②　役員・部長が議論し、全社視点で重要問題・課題を考え、どの機能にど
　　のような問題があるか、ありたい姿は何か、どうすることが必要かまたは
　　大事か、などの議論を踏まえ、全社視点で何に注力すべきかを検討する。

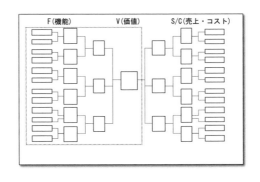

図Ⅰ-2.11　VFC チャートの概念

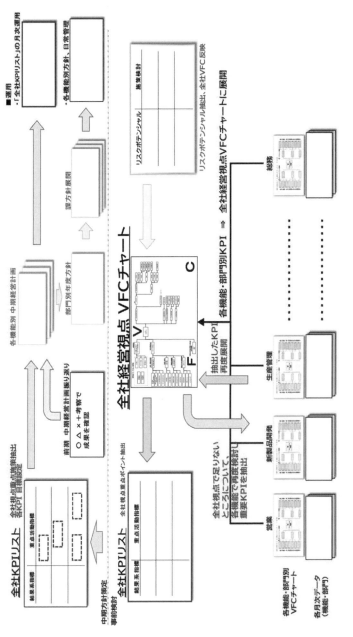

図 I -2.12　VFC チャートを活用した全体プロセス

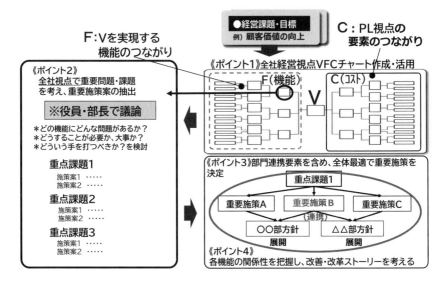

図Ⅰ-2.13　VFCチャートを活用するうえでのポイント

③　部門連携が必要な要素を明確にし、関連する機能（組織）を明確化する。

④　各機能（組織）の関係性を把握し、改善・改革ストーリーを考える。

(5)　［課題2］方針管理と日常管理のかかわり方の明確化

1)　方針管理と日常管理の再定義

方針管理と日常管理を再定義することで、それぞれの活動の質およびレベルを高めることをねらいにした。

方針管理は、市場変化・顧客ニーズの変化を捉え、全社・機能のありたい姿の実現課題を明確にし、改革・革新を図る活動と再定義した。方針管理は、事業を行っていく中で、ある時期集中して取り組む要素を意味し、Innovation活動と名付けた。

日常管理は、組織の使命・役割を果たすために分掌業務における問題・課題を明確にし、維持向上・改善を図り、標準化していく活動と再定義した。日常管理は、事業を行っていく中で、継続して取り組む要素を意味し、Operation

活動と名付けた。

　また、社内用語の意味を次のように定義した。

- 日常管理項目：組織の使命・役割を果たすうえで重要な管理すべき項目（今の状態が正常か異常かを判断し、アクションにつなげるための項目）は何かの解となる指標。例えば、品質市場不良率、重要品質問題発生件数など。
- 日常管理活動：日常管理項目に関して、異常なく正常に組織の使命・役割を果たせているかを監視し、異常があれば速やかに原因究明、処置および対策をとる活動にあわせて、正常な仕事のやり方を属人化せず標準化していく活動。
- 重要日常管理活動：日常管理項目の中で、重要度、緊急度などを考慮し、重点的に維持向上・改善を図るため、テーマ化して取り組む活動。方針に準じた取組みに位置付け、日常管理活動と同様に標準化まで実施する。

　2）　事業計画を実現するための方針管理と日常管理の運用方法の明確化

　従来は事業計画を方針管理へ展開し、日常管理の要素を含めて運用した背景から、日常管理の運用が曖昧になっていたが、重要日常管理活動を含むInnovation活動とする方針管理と、Operation活動である日常管理活動を明確にした運用に改めた（図I-2.14）。運用の要点は、組織の使命・役割を展開した日常管理活動（Operation活動）をベース活動に置き、事業計画を実現するための課題・問題を検討、抽出し、年度方針に取り上げるInnovation活動（社長診断、執行役員レビューおよび革新活動発表会の対象）の要素と、方針に準じた取組みを行う重要日常管理活動（担当役員診断、執行役員レビューの対象）の要素に区分し、それぞれを定義に基づいて明確に決めて運用することにした（図I-2.15）。

　事業計画は日常管理と方針管理をセットにして実現されるが、近年の変化の激しい時代にあって「方針管理」として実施するテーマ（要素）を、事業計画を実現するための日常管理活動から「不足するテーマ（要素）」として選定することでは不十分と考えている。

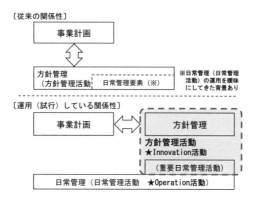

図Ⅰ-2.14　事業計画における方針管理と日常管理の関係

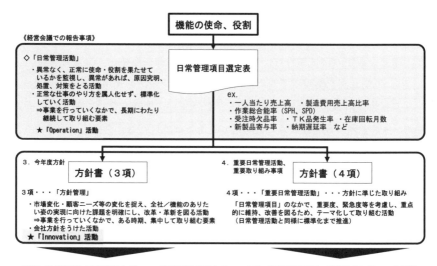

図Ⅰ-2.15　日常管理活動、重要日常管理活動、方針管理の運用の全体像

（6）　成果・課題と今後の展望

　方針策定段階における方針管理と日常管理の課題解決に取り組んだ結果、次の成果が得られた。

- VFC チャートを活用することで、事業計画、上位と下位との関係性、およびコストへの認識が深まり、他機能との繋がりも把握できるようになった。また、現場など下位に周知する際、上位の目的を理解しやすくなった。
- 日常管理、日常管理活動などを定義し、組織の役割を実現するための指標、KPI などを決定することで、方針管理と日常管理を組み合わせて運用する基盤が定まった（例えば、図Ⅰ-2.15の日常管理項目選定表の運用など）。
- 新たに重要日常管理活動を明確にし、これを含めて方針管理を再定義したことで、重点的に取り組むべき項目や事項が明確になった。

　これらによる方針管理における運用の変化として、方針の理解がより浸透し、方針の各項目の重要性が認識され、方針を的確に変更した件数が 5 部署・7 件（2022年度上半期）から11部署・14件（2023年度上半期）に増加した。

　一方、試行開始から 1 年と間もなく事業計画への寄与度合いの把握、成果に繋がった要素や事項の標準化などを今後継続的に確認していく必要がある。

　今後を展望すると次の事項が重要となる。

- 各機能と各部門の日常管理項目の研ぎ澄ましと生産性指標の設定。例えば、異常なく正常に組織の使命・役割を果たせているか、効率的な取組みができているかなど。
- 方針策定段階での定義に基づく方針管理で取り上げる項目の研ぎ澄まし。
- 成果に繋がった要素や事項の標準化推進。

　方針管理と日常管理をいかに運用するかは、企業規模・業種・業態や各社の事情が異なる（例えば、方針の策定者は誰か、展開は誰がやるのかなど）ことから、進め方・やり方を一つに集約することは難しい。しかし、方針管理や日常管理をどう位置付けるべきか、どうあるべきかを明確に定めておいたほうが、それぞれの効果が見えやすくなる。各企業の実態に見合った方針管理と日常管理の位置付けを明確に定め、研ぎ澄ませた運用を行うことが効果に繋がるものと考えている。

2.5　変化への方針管理と日常管理の対応

2.5.1　方針管理と日常管理における変化対応の考え方

　方針管理と日常管理において、経営環境の変化に遭遇するのは避けられない。組織自らが意図した変化の創出は方針管理の計画策定段階で施策検討が可能であるが、期中における想定外の変化対応は的確な取組みが難しくなりがちである。予期しない変化対応には第一線職場だけでなく、トップマネジメントを含む各階層が事業計画の遂行上の大きな変化をタイミングよく正確に捕捉し、柔軟に対応することが基本になる。期中の変化対応は、方針管理のしくみをうまく活用することが有益なことが多く、その際は次の考え方に留意する。

- 変化に対して自律的に俊敏かつ迅速な対応ができる組織形態に見合ったプロセス・システムを構築する。
- 安易な変化対応や目標の下方修正を防ぐための審査などの歯止めを設ける。
- 方針管理における変化対応は、方針を構成する要素である重点課題・目標・方策を変更するための要件を明確にする。
- 変化対応のために方針を変更した場合、変更を的確に実施したか、短期での変更の効果は何か、中期的観点で変更が妥当であったかなどを評価する。

　これらの考え方に留意した変化対応のプロセス・システムを確立し、運営管理することが要諦である（図Ⅰ-2.4右側の手順⑦）。

2.5.2　方針管理と日常管理における変化対応のプロセス

　組織と部門は、方針管理と日常管理によって実現を図っている事業計画の実施結果と実施状況をモニタリングし、変化を管理項目や五感を用いて俊敏に検出することが正攻法である。期中の変化対応のプロセスを図Ⅰ-2.16に示す。

①　方針管理による変化対応

　事業の健全な遂行に大きく影響する緊急かつ重大な変化へは、方針管理による対応が主要になる（図Ⅰ-2.16左側）。変化を察知したとき、期首に変化への

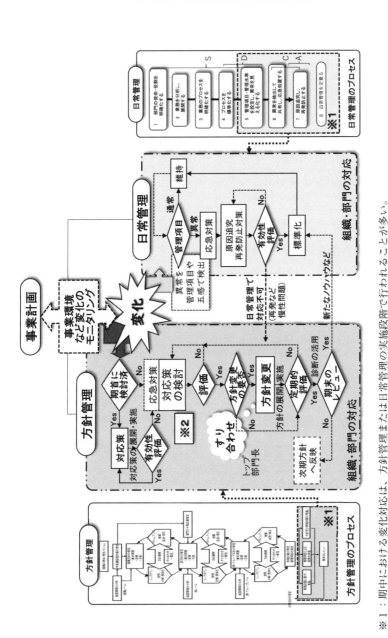

図Ⅰ-2.16 方針管理と日常管理における変化対応のプロセス

※1：期中における変化対応は、方針管理または日常管理の実施段階で行われることが多い。

※2：方針管理の対応策は、部門内・部門横断・部門横断の改善チームなどの小集団改善活動によって対処することがある。

対応策が検討されていれば実施し、有効性を評価する。対応策が有効でない、または期首に対応策が未検討であれば応急的な対策とともに対応策を至急検討する。対応策の実施結果が有効と判定されたら、方針変更の必要性を評価し、上下職位間および関係部門間ですり合わせを行ったうえで方針（目標または目標達成のための方策、必要に応じて重点課題）を変更する。このことが、表Ⅰ-2.1に例示した1.1と3.2の問題解決に寄与する。

　緊急を要する対応策の検討と実施では、方針管理を弾力的に運用し、部門内や部門横断の改善チームを結成して迅速な対応に当たらせ、方針管理の一環として重点的にチェック頻度を高め有効性を評価する。このことが、表Ⅰ-2.1に例示した3.1の問題解決に寄与する。改善チームによる改善は、JSQC-Std 31-001：2015「小集団改善活動の指針」（または、JIS Q 9028）が活用できる。

　方針変更後は方針管理の通常プロセスに復帰し、変化対応の結果とプロセスの定期的評価・期末レビューを経て、次期方針へ反映する。また、効果が得られた新たなノウハウは標準化し、日常管理のプロセスに移行し維持向上する。

　期中における予想外の環境変化に対応するための PDCA の例を表Ⅰ-2.2に示す。

　②　日常管理による変化対応

　日常管理で取り上げた事項の変化対応は、組織レベル・部門レベルでは通常、

表Ⅰ-2.2　期中における予想外の環境変化に迅速に対応するための PDCA の例

計画(Plan)	実施(Do)	チェック(Check)	処置(Act)
方針の達成に影響を与える組織の外部・内部環境変化を予測し、必要な対応策を計画する。	環境変化が起こった場合には、事前に策定した対応策に従って対応する。	環境変化に適切に対応できたかどうかを確認し、方針の達成に影響を与える予想外の環境変化を遅滞なく捉える。	予想外の環境変化への対応策を計画し、関連する方針や実施計画を修正する。

　出典）　JSQC-Std 33-001：2016「方針管理の指針」、p.12、表 1 から抜粋

職位別管理項目、五感などで異常を検出し、対応する(図Ⅰ-2.16右側)。

異常を検出したら、応急対策、原因追究、再発防止対策を実施し、変化対応に有効であれば標準化して管理の定着を図るという日常管理のプロセスに基づくSDCAサイクルで対応する。

日常管理のプロセスにおいて変化に対応できないことが判明したときは、遅滞なく上位職へ報告して対応を提案し、必要に応じ方針管理による変化対応のプロセスを適用し対応する。方針管理と日常管理による変化対応のプロセスを適用することによって、表Ⅰ-2.1に例示した2.4の問題解決に寄与する。

2.5.3 【事例2】アクシアル リテイリング(株)における想定外の環境変化を方針管理で乗り切った事業展開

TQMを根幹に据えた方針管理を活用し、コロナ禍における顧客・従業員・社会のニーズと期待を満たす対応を迅速に行い、成果を得た事例を紹介する。

(1) 会社概要

アクシアル リテイリング(株)は、経営理念を「我々は毎日の生活に必要な品を廉価で販売し、より豊かな文化生活の実現に寄与することを目的とする」と定め、事業会社として新潟県を中心に長野県と富山県に(株)原信と(株)ナルス、群馬県、栃木県および埼玉県に(株)フレッセイをグループとする持株会社である。グループは132店舗を展開する食料品スーパーマーケットであり、約1万7,000人が勤務し、パートナー社員と短時間アルバイトが約8割を占めている。

グループ統合10周年の節目となる2023年に制定した経営原則5項目の一つに日ごろから言い続けられてきた「TQMを経営の根幹にします」を位置付け、顧客の満足のためにすべての従業員がそれぞれの立場で取組みを進めている。

アクシアル リテイリングは、顧客の毎日の生活に楽しさ・豊かさ・便利さを提供することで経営理念の実現に挑んでいる。そのためには、一定規模、および規模からメリットを生み出していく物流やITの機能が重要になる。規模や機能を構築していくうえで人材が欠かせず、TQMの実践を通した人材育成

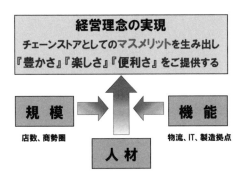

図 I -2.17　アクシアルが目指すもの

に注力している。規模・機能・人材によってチェーンストアとしてのマスメリットを創出し、経営理念の実現を目指すことをグランドデザインと呼んでいる（図 I -2.17）。

（2）　TQM を根幹に据えた方針管理の実施

　TQM 体系図に基づき経営理念とグランドデザインを実現するために、品質経営・環境経営・健康経営・技術革新・人づくりを重点課題とする長期ビジョン「Enjoy Axial Session.」を策定し、中期計画、年度計画にブレイクダウンし、部署方針や日常活動へ展開している（図 I -2.18）。

　TQM の主要活動は改善活動と維持活動である。改善活動は、店舗などの現場で行われる QC サークル活動に力を入れているが、部長、マーネジャー、バイヤーなど専門担当が「SUM活動」（サービスアップのためのマネジメント活動）と名付けた改善活動に取り組んでいる。その他に部署横断的に課題達成に取り組むプロジェクト活動や委員会活動がある。

　維持活動は、スーパーマーケットという業種の特性上、週間単位で PDCA を回す活動が基盤となっており、ウィークリーマネジメントと呼んでいる。

　アクシアル リテイリングは、持株会社として全体の年度方針を策定し、決定後に各事業会社に示し、事業会社ではそれぞれの方針を策定し、月次、週次の活動を実施している。方針管理のしくみと充実してきた事項を図 I -2.19に

図I-2.18　TQM体系図

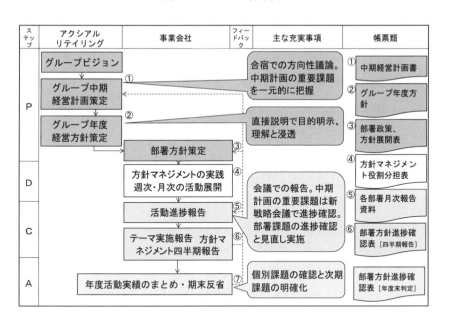

図I-2.19　方針管理のしくみ

示す。

　トップが方針管理を進めるうえで留意している点は次の事項である。

① 「経営理念やグランドデザインと結びついているか。」これができていれば、方針に大義があることになる。

② 「自社の状況、ならびに顧客および経営環境変化をよく理解したうえで練られた方針か。」これによって、トップの思い込みだけでなく、衆知を集めた方針になっているかを確認している。

③ 「方針を出しっ放しにしていないか。」方針が正しく展開されていない場合は、方針そのものの修正が必要になることもあり、展開状況をトップ自ら直接店舗で確認し、途中のチェックや結果の検証が行われるようにしくみ化している。

　グループ中期経営計画の策定では、毎年、トップ・幹部が参加し、合宿形式で戦略の集中討議が行われる。この討議は主に、自分たちの目指す姿と10年先の環境変化を見据えて、現状とのギャップを洗い出し、どのように変化していかなければならないかをテーマに議論する。合宿で課題を洗い出した後、役員会でテーマごとに中期経営計画として年度ごとの課題を整理する。この計画は3年先を見据えながら、ローリング方式で毎年更新している。

　中期経営計画を検討しながら、同時に次年度に行うべき項目を整理し、年度方針が策定される。年度方針は、新年度開始2カ月前の2月に全社方針が示され、これを受けて事業会社が方針を立案し、2月中に各部署の方針が立案される。各店の店長が立案した実行計画は、年度初めにトップ自ら診断し、10月末に中間期の進捗を報告するしくみである。

　さらに、トップが店舗へ頻繁に赴き（月間40〜50店舗）、全社方針の展開状況や各店の課題の実行状況を聞き取っている。その中で、全社方針を展開するうえで障害になる事項を発見した場合は、速やかにグループ本部の担当部署に検討指示を出すことで対応スピードを極力速めている（図Ⅰ-2.20）。

　方針管理の重点課題である、グループ製造・物流拠点戦略プロジェクト、グループシステム基盤更新、デジタル推進などは、毎月の新戦略会議で進捗の管理や具体的な実行計画を検討するとともに、同時進行している複数プロジェクトの全体を統括している。

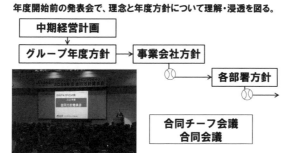

図Ⅰ-2.20 方針の展開・浸透

（3） 環境変化時の対応 ―新型コロナウイルス対応を例として―

　方針管理の一環として重点課題の推進状況を定期的に確認していた最中の2019年12月初旬に武漢市で第１例目の感染者が報告された新型コロナウイルス感染症は、あっという間に世界的な流行となり急遽の対応に迫られた。

　誰もが経験したことのない状況下にあってもスーパーマーケットとしての使命を果たさなければならないとの認識からトップは、①顧客と従業員の安全・安心を確保する、②ライフラインとしての使命を果たす、③当社として行うべき社会貢献に積極的に取り組むという、３つの基本対応方針を示した。この方針に沿って方針管理の一環として各担当部署への検討事項が明示された（図Ⅰ-2.21）。

　リスクマネジメント委員会を延べ21回開催し、営業対応、基準・制度などの見直しを各部署と連携しながら対応方法を検討した。政府・行政からの手洗いなどの感染対策、三密回避の呼び掛け、移動自粛、新しい生活様式の実践などが求められ、刻々変化する情報を収集しながらの対策策定・実施となった。

　顧客の安全・安心の確保はもとより、スーパーマーケットのライフラインとしての役割を果たすために従業員が安心して働ける環境づくりを重視した。毎週月曜日に幹部が出席する会議で感染状況、事業影響、重点対応などを共有し、トップと各部署長とのミーティングでコロナ関連の対応報告、点検維持などを

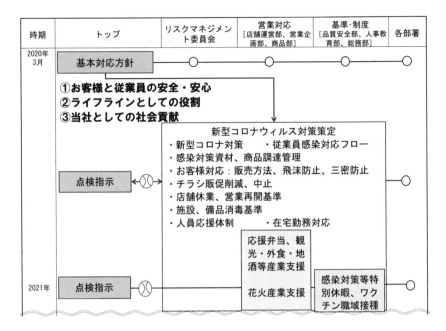

図Ⅰ-2.21　コロナ対応における方針の展開

重点的に行った。刻々と状況が変化する中で、週次での迅速な対応を継続した。

（4）　新型コロナウイルス対応として重視した3つの視点

　変化への対応として新型コロナへの対応方針を**図Ⅰ-2.22**に示す。

①　顧客への対応

　いかなる環境変化においても来店した顧客が必要とする商品が揃うように商品確保に努めた。さらに、従来のパンや惣菜の裸売りを止め、袋やパック詰めの状態での販売に切り替えた。試食販売も中止し、店内放送でマスク着用を呼びかけ、密集を避けるため折込チラシも削減・中止した。これらをホームページなどで情報公開し、顧客が安心して商品を購入できる対応に一段と留意した。

　一方、夜12時まで営業する店舗が多く、また24時間営業もあるが、従来の営業時間は変えずに維持した。これは、営業時間の短縮は店内での密を生む懸念

① **お客様と従業員の安全・安心**

② **ライフラインとしての使命を果たす**

③ **当社としての社会貢献**

図 I -2.22 新型コロナウイルス 対応方針

とともに、医療従事者をはじめ夜間や早朝にしか買い物ができない顧客の利便性を損なわないようにインフラとしての機能を全うするためである。

② 従業員への対応

従業員の不安を解消し、安心して働けるように対応を強化した。例えば、マスク着用、出勤前の検温、体調不良者の把握と対応などの基準を改めるとともに、チェックリスト活用による感染症予防を徹底した。手洗い・うがいの励行は感染症予防の基本となるが、顧客対応時間が長いレジ部門ではレジを離れるのが難しいという課題があった。そこで、手洗い・うがいを2時間おきにできるようローテーションを組み直し、加えてレジ作業中の手袋着用、会計ごとの手指消毒を実施した。市場全体で不足したマスクは、取引先の協力を得て集荷し、接触者の多いレジや売場の従業員に配付した。顧客・従業員双方の不安解消のため、ホームセンターでパーティション材料を購入して自作し、設置方法と運用をルール化したレジのパーティション設置は、業界の先駆けになった。

新型コロナワクチン職域接種は、不特定多数の人と接点の多い店舗従業員を優先し3,000人を対象に、新潟県長岡市、群馬県前橋市で実施した。また、コロナ禍で、ライフラインとしての使命を果たすために真摯に取り組んだ従業員に対し、感謝と労いを兼ね特別休暇や見舞品支給を行った。

③ 事業活動による支援活動

新型コロナウイルス感染拡大による外出自粛で大きな影響を受けた産地・生産者、観光業にかかわる方たちの支援活動として「がんばろう！日本」を実施

図Ⅰ-2.23　事業活動によるコロナ禍の支援

した（図Ⅰ-2.23）。例えば、本来その土地に行かなければ手に入らない地域の特産品や名物、土産品を原信やナルスの店舗で販売などした。各地からの商品は、自社配送網を活用し、外食や観光物産商品の引取り物流を活用して調達し、店舗内に品ぞろえした。顧客からは、コロナ禍で外出が制限されている中で地元にいながら各地の味を楽しめるという好評が得られた。

　原信は、1879年を起源とする日本三大花火の一つである長岡大花火大会で正三尺玉の打ち上げの協賛をしている。感染終息後、中止されていた花火大会復活と存続が危惧される花火師へ、アクシアルブランド商品購入1個につき1円を義援金として贈呈することを決め、実施した。

（5）　顧客満足実現へ向けて今後の展望

　新型コロナウイルス感染、地震、水害などの自然災害といった未曾有の事態に直面したときにあっても、いかなる場合もスーパーマーケットとしてライフラインの役割を果たし続けることを使命としている。買い物にいつも来られる地域の顧客が困っているときにこそ、1分でも早く店を開け、いつもどおりに

利用できることが顧客の安心につながり、日常生活を営むための原動力になると感じている。

　アクシアル リテイリングは四十数年にわたり TQM を経営の根幹に据え、顧客満足に取り組んでいる。これからもトップのリーダーシップのもと、従業員がそれぞれの立場で TQM を実践し続けることで、非常時にも一致団結して課題に果敢に立ち向かえる力となるよう愚直な取組みを続けていきたい。

- -

2.6　方針管理と日常管理の運営管理と変化対応の評価・改善

　方針管理と日常管理の運営管理と変化対応が目的を達成したかをレビューし改善することによって、プロセス・システムをよくしていく。そのため、トップマネジメントと部門長は、方針管理の期末レビューに有効性と効率をレビューし、継続的改善のきっかけにする（図Ⅰ-2.4右側の手順⑧）。レビューでは次の視点に留意する。

- 組織・部門の事業計画を計画のとおりに達成したか（総合評価）。
- トップマネジメントが主体性をもって事業計画を確定したか（2.4.5項①）。
- 組織における事業計画の方針管理と日常管理への区分けは適切か（2.4.5項②）。
- 事業計画の展開は適切か、展開での問題を明確化したか（2.4.5項③）。
- 部門長が全体最適な視点から自部門の事業計画を確定したか（2.4.5項④）。
- 部門における事業計画の方針管理と日常管理への区分けは適切か（2.4.5項⑤）。
- 組織・部門の方針管理と日常管理の運営管理は効果的・効率的か（2.4.5項⑥）。
- 組織・部門の変化対応が適時・適切かつ効果的・効率的か（2.5.1項、2.5.2項）。

表 I -2.3　方針管理と日常管理の違いの特徴を整理した対照表

		方針管理	日常管理
計画	計画	方針（重点課題、目標、方策）、実施計画、必要経営資源を確定	既定の標準を順守 もっとも優れたやり方の取決めを標準化
	展開	方針を展開（すり合わせの実施、一貫性の獲得）	使命・役割を定めた分掌に基づき業務を展開
	経営資源	当該方針達成のための人・モノ・予算の用意	当該年度の人員・経費などでの遂行を原則
	管理項目 管理水準	目標の達成状況を監視し、必要な処置をとるために選定した評価尺度を選定 計画どおりのプロセスの状態を表す値・範囲	同左 安定したプロセスの状態を表す値・範囲
実施		実施計画に従って実施 改善・革新（よりよいプロセスの確立）	取決め（標準）に従って実施、異常の検出・対応 維持向上（安定したプロセスの獲得・よりよい結果）
期中評価	評価・まとめ	定期的な会議などで議題として評価 目標・方策の進捗状況をチェック 実施結果だけでなく、目標達成のための方策（プロセス）の実施状況の評価を含む	管理項目などの結果を集計 異常・異常対応状況を集計
	上司報告	方針の進捗と結果を報告	異常がなければ報告しない、または結果を報告 上司の日常管理項目に関係する結果を報告
期末評価	評価・上司報告	重点課題の目標・方策をレビュー 方針管理全体を評価（下位展開事項を含む）	
		方針管理のしくみを評価した結果	日常管理のしくみを評価した結果
	総括	方針管理と日常管理の区分け、変化への対応の妥当性・適切性・有効性・効率などを評価	

　部門長は、レビューをもとに自部門の事業計画の課題を明確化して見直す。トップマネジメントは、部門長から実施結果と実施状況の報告を受け、組織の事業計画を見直す。これらに基づき、トップマネジメントと部門長が方針管理と日常管理を組み合わせた運営管理と変化対応のプロセス・システムの改善を主導し、プロセス・システムの有効性と効率を継続的に高めていく。

　方針管理と日常管理を組み合わせて運営管理するプロセス・システムの検討時に計画・実施・評価段階の両者の違いを整理した対照表を**表 I -2.3**に示すので各々の特徴を活かしたプロセス・システムの確立に役立ててほしい。

2.7　今後への展望

　本章は、方針管理研究会 WG-3の活動から得られた知見を集大成し、公にしたものである。組織の実態に即して、TQM 活動要素として重要な方針管理と日常管理が有機的に連携し相互補完するプロセス・システムの確立が組織の事

業計画の実現を促す。しかし、方針管理と日常管理のプロセス・システムは、組織の規模・業種・業態によりさまざまである。方針管理と日常管理を組み合わせた効果的・効率的なプロセス・システムを探った本研究会の成果を多様な組織の実践のもとでさらに深化していくことにより、変化に対応し、経営目標・戦略を確実に実現できる方針管理と日常管理への進展を期待したい。

第Ⅰ部の引用・参考文献

［1］　JSQC-Std 00-001：2023「品質管理用語」
［2］　JSQC-Std 33-001：2016「方針管理の指針」
　　　（JIS Q 9023：2018「マネジメントシステムのパフォーマンス改善—方針管理の指針」）
［3］　JSQC Std 32-001：2013「日常管理の指針」
　　　（JIS Q 9026：2016「マネジメントシステムのパフォーマンス改善—日常管理の指針」）
［4］　JSQC-Std 11-001：2015「小集団改善活動の指針」
　　　（JIS Q 9028：2021「マネジメントシステムのパフォーマンス改善—小集団改善活動の指針」）
［5］　コーセル(株)　ホームページ　（2024年4月16日閲覧）
　　　https://www.cosel.co.jp/
［6］　アクシアル リテイリング(株)　ホームページ　（2024年4月16日閲覧）
　　　https://www.axial-r.com/

第II部

経営目標・戦略を達成できる組織能力の向上を目指したTQMの推進

―中期経営計画・組織能力とTQM活動要素との関係―

第1章　新しい TQM の考え方の実践に向けた4つの課題

　図Ⅱ-1.1に WG-1 の研究の基本的な枠組みを示す。この図の左側の「従来 TQM の考え方」では、経営目標を達成するために TQM をうまく活用し、方針テーマ（方針で定められた重点課題）を実行するという形であった。しかし、環境変化が激しい中、方針テーマをスピーディーかつ着実に進めるには、方針の実行のために各組織がもつべき「組織能力」を明確にし、その獲得に向けて

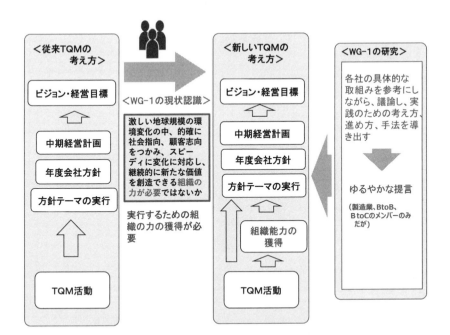

図Ⅱ-1.1　WG-1 の研究の基本的な枠組み

中長期的な視点で取り組むことが重要となる。このような現状の認識に基づいて、方針テーマの実行と TQM の関係を捉え直したのが、図Ⅱ-1.1の右側に示した「新しい TQM の考え方」である。なお、このような組織能力に焦点を当てた考え方は、日本品質管理学会が2022年に発行した「TQM の指針」でも明示されている（**図Ⅱ-1.2**）。

　WG-1 では、この「新しい TQM の考え方」に沿って、中期経営計画を実現するための方針の実行、それに必要な組織能力、組織能力の向上のための TQM の活用などを取り上げ、それぞれの PDCA の回し方について検討を行った。具体的には、各社の取組事例を参考にしながら議論し、合意できる考え方、進め方、手法を導き出した。これらは、このとおりに行わなければならないというものでも、これで完全というものでもない。新たに取組みを始めよ

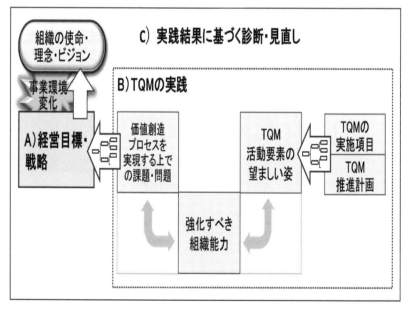

出典）　JSQC-Std 11-001：2022「TQM の指針」、p.7、図 4.1を一部修整

図Ⅱ-1.2　事業と組織能力と TQM の関係

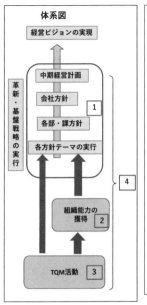

体系図

経営ビジョンの実現

革新・基盤戦略の実行

中期経営計画
会社方針
各部・課方針
各方針テーマの実行

1

4

組織能力の獲得 2

TQM活動 3

1 経営ビジョンを実現するための中期経営計画と中期経営計画を達成するための方針の実行（重点課題・目標・方策）に関するPDCA
(1)適切な目標の設定方法は？
(2)方針実行の評価の手法は？

2 中期経営計画の達成と方針の実行に必要な組織能力に関するPDCA
(1)組織能力とは何か？
(2)組織能力の範囲・枠組みは？
(3)組織能力の構築のステップは？
(4)組織能力の定義化・指標化・フォローは？

3 組織能力を向上させるためのTQMに関するPDCA
(1)組織能力とTQM活動要素の関係の整理は？
(2)組織能力向上のためにどのようにTQM活動要素を活用するか？
(3) TQM活動要素の活用評価のやり方は？

4 中期経営計画・組織能力・TQM活動の対応関係（ 1～ 3 ）に関するPDCA
(1)全体の関係の整理、仮説・シナリオづくりは？
(2)実行前のシナリオを年央・年末に検証・分析・フォロー・修正するやり方は？

図Ⅱ-1.3　新しいTQMの考え方の実践に向けた4つの課題

う・見直そうという人へのいわば緩やかな提言である。

　「新しいTQMの考え方」を実践するうえでは、図Ⅱ-1.3に示した1～4の4つの課題がある。これらは各社のメンバーが困っていること、悩んでいること、やり方を検討していることなどを列挙し、それらを新しいTQMの考え方に沿って分類・整理したものである。そのうえで、一つひとつの課題について議論し、その解決策について検討した。以下の各章では、各課題を取り上げ、議論の結果を説明する。

Ⅱ　経営目標・戦略を達成できる組織能力の向上を目指したTQMの推進

第2章　課題①：方針の実行に関する PDCA

　図Ⅱ-2.1は、課題①「方針の実行に関する PDCA」についての議論の結果を
まとめたものである。このシートでは、左側に、各社メンバーが経験を出し合

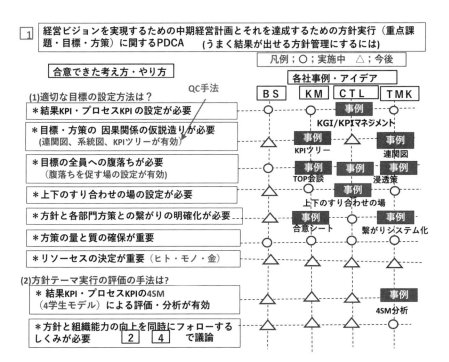

注)　BS：ブリヂストン、KM：コニカミノルタ、CTL：キャタラー、TMK：トヨタ自動
　　車九州

図Ⅱ-2.1　課題①「方針の実行に関する PDCA」について議論の結果

い、合意できた考え方ややり方を、右側に、本研究会活動当時の各社の実施状況とその事例名を示してある。○は実施中、△は今後実施を検討するという意味である。事例のマークを付けた会社の事例の詳細については、以下の節で順に紹介する。事例を読むことで各項目の理解が深まると考える。なお、**第Ⅱ部第 3 章〜第 5 章**についても、同様に、課題②〜④の議論の結果をまとめたシートを示してある。

2.1　適切な目標の設定方法

　課題①の議論において、まず問題になったのが「（1）適切な目標の設定方法」である。

　方針の実行における PDCA をうまく回すためには、まず適切な目標の設定が必要ということになった。議論の結果、各方針テーマについて、結果の KPI だけでなく、方策の進捗を示すプロセス KPI の設定が必要ということで合意した。プロセス KPI を設定することは、参加メンバーの各社とも実施しているとのことであった。

　次に、方針テーマの実行が本当に経営目標の実現に繋がるのかということが問題になり、目標と方策の因果関係に関する仮説を立てることが重要ということで意見がまとまった。また、仮説を立てるうえでは、系統図、連関図、特性要因図などの QC 手法の活用が有効であったという意見が多かった。

　さらに、方針管理を全員で実施していくためには、全員への腹落ちが重要であり、その場づくりが重要ということになった。また、会社方針を理解して各部方針を展開するために上下のすり合わせの場が必要、各部門方針の実行の総和が会社方針の結果になるので会社方針と部門方針の繋がりを明確にすることが重要、方策の質・量の確保が重要、方針の実行のための人・モノ・カネの準備・決定が重要ということで合意した。

　研究メンバー間で合意できた内容の一つひとつについて、メンバーの会社で実際に実践している事例を出してもらい、研究会の中で参考になる点について

話し合った。以下にその内容を紹介する。なお、それぞれの図の上部には、合意できた内容をタイトルとして表示してある。

2.1.1　キャタラーの事例１：「結果 KPI・プロセス KPI の設定が必要」

　図Ⅱ-2.2に示すように、キャタラーでは、会社方針の重点テーマの最終的な目標値を KGI（Key Goal Indicator）として設定するだけでなく、その実行手段として重要成功要因を CSF（Critical Success Factor）として、CSF の管理指標をプロセス KPI として設定している。また、それらを織り込んだ方針管理のフォーマットを活用している。

　各方針テーマに関する結果系の KPI だけでなく、手段・施策のプロセス KPI を設定することで手段・施策の実行内容や達成目標が明確になる。また、後述するが、方針の進捗状況を点検するときの分析がやりやすくなる。

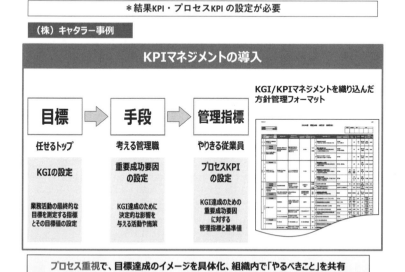

図Ⅱ-2.2　キャタラーの事例1

2.1.2 コニカミノルタの事例1：「目標・方策の因果関係、仮説づくりが必要」

　図Ⅱ-2.3に示すように、コニカミノルタでは、事業価値最大化という経営目標に対して、ビジネスモデルごとに、KPIツリーを議論し、方針テーマやその方策を検討している。なお、KPIツリーとは、QC手法の系統図の形でKPIを分解し、深堀りするためのものである。

2.1.3 TMKの事例1：「目標・方策の因果関係、仮説づくりが必要」

　図Ⅱ-2.4に示すように、TMKでは、連関図を使って、複数ある経営目標と各方針テーマや各実施方策との関係を整理している。複数の項目が関連するために難しいが、目標と方策の因果関係を整理する手法の一つと考えられる。

2.1.4 コニカミノルタの事例2：「目標の全員への腹落ちが必要」

　図Ⅱ-2.5に示すように、コニカミノルタでは、社長が主催し各組織のトップ

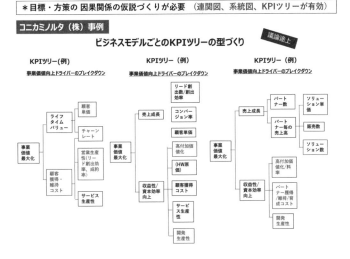

図Ⅱ-2.3　コニカミノルタの事例1

＊目標・方策の 因果関係の仮説造りが必要 （連関図、系統図、KPIツリーが有効）

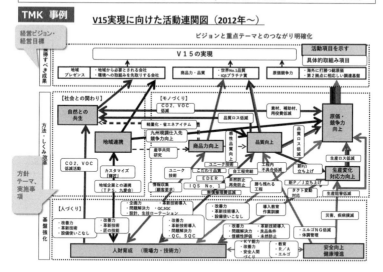

図Ⅱ-2.4 TMK の事例1

＊目標の全員への腹落ちが必要 （腹落ちを促す場の設定が有効）

コニカミノルタ（株）事例

社長による中期経営戦略の腹落ちを目的とした 各組織の管理職とのトップ対談

トップ同士の本音の議論を通じて理解を深める

図Ⅱ-2.5 コニカミノルタの事例2

図Ⅱ-2.6　キャタラーの事例 2

が参加する、中期経営戦略について説明・議論する場を設定している。

2.1.5　キャタラーの事例 2：「目標の全員への腹落ちが必要」

　図Ⅱ-2.6に示すように、キャタラーでは、経営 vision・会社方針について
トップ自ら説明する場をつくるとともに、メールマガジンなどで全従業員へ展
開している。また、グローバル展開には、社長のビデオメッセージなどのメ
ディアを活用している。

2.1.6　TMK の事例 2：「目標の全員への腹落ちが必要」

　図Ⅱ-2.7に示すように、TMK では、vision 2025の設定時には、現場を含む
全職場でのミーティングや幹部職向け説明会などを実施している。また、vision
2030の設定時には、解説冊子を全員に配布し、社長のメッセージビデオや、社
内報での特集なども行っている。

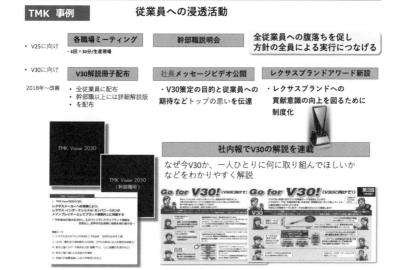

図Ⅱ-2.7 TMKの事例2

2.1.7 キャタラーの事例3：「上下のすり合わせの場の設定が必要」

　会社方針の策定に当たり、キャタラーでは、図Ⅱ-2.8の右側に示すように経営層での10回以上の集中議論の場を設けている。さらには、海外拠点長も参加するグループ会社方針策定の場も設定している。

2.1.8 コニカミノルタの事例3：「方針と各部門方策との繋がりの明確化が必要」

　図Ⅱ-2.9に示すように、コニカミノルタの各部門ではVSE（ビジョン、ストラテジー、エクスキューション）合意シートを使って会社ビジョン・上位方針と自部門の実施事項・目標値との繋がりを整理している。これは、会社方針を各部門が正しく理解し、上位方針に繋がった方策を計画するしくみとなっている。

図Ⅱ-2.8　キャタラーの事例 3

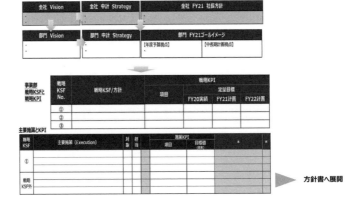

図Ⅱ-2.9　コニカミノルタの事例 3

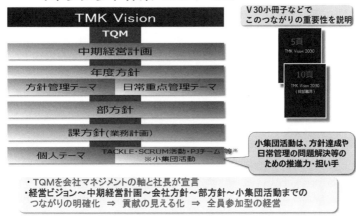

図Ⅱ-2.10　TMK の事例 3

2.1.9　TMK の事例 3：「方針と各部門方策との繋がりの明確化が必要」

図Ⅱ-2.10に示すように、TMK では、ビジョンから会社方針・各部方針を経て方策実行する小集団までの繋がりをマネジメントの軸に据えることを明確にするとともに、小集団活動を問題解決のためのドライバーと位置付けている。また、この図を会社のマネジメント体系として定義し、社長から宣言するとともに、全員に配布する V30小冊子などで説明している。これにより、全員参加型の経営を目指している。

2.1.10　TMK の事例 4：「方針と各部門方策との繋がりの明確化が必要」

図Ⅱ-2.11に示すように、TMK では、会社方針と部方針の繋がりを明確にする手法として、方針管理ツリーを活用している。また、これを支援する情報システムを構築している。期初の方針設定時に、会社の各方針テーマに責任をも

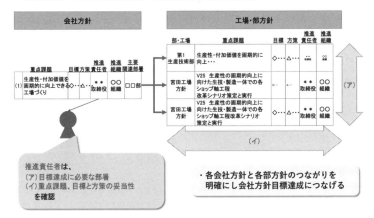

図Ⅱ-2.11　TMKの事例4

つ推進責任者が中心になり、系統図法を用いて各部門の方針に至るツリーを明確にしている。そのうえで、各テーマの推進責任者が、会社方針の目標達成に対して、必要な部門が対応する方針を設定しているか、各部門の方針の「重点課題」・「目標」・「方策」が妥当かどうかをチェックしている。

2.2　方針の実行を評価する手法

　論点①の議論においてもう1つ問題になったのが、年度末などにおける「（2）方針の点検・評価の手法」である。2.1節において、結果KPIとプロセスKPIの設定が重要であると述べたが、その分析のやり方として4学生モデルが有効であるということで意見がまとまった。

2.2.1　TMK の事例 5 :「結果 KPI・プロセス KPI の 4 学生モデルによる評価・分析が有効」

　図 II-2.12 に示すように、TMK では、方針点検時に達成状況を「目標」に関する結果 KPI と「方策」に関するプロセス KPI のそれぞれを評価するようにしている。その上で、各々の達成状況をもとに A ～ D に区分する「4 学生モデル」（図の右下の表）を用いて結果の分析をより詳細に行うようにしている。この A ～ D のパターンで次のアクションが異なる。例えば、方策は実施できていても結果が×の場合は、施策の見直しが必要となる。なお、4 学生モデルは、テスト結果の○×と講義出席率などの○×とで分けられる学生のタイプにより反省の仕方や次のアクションの中身が異なるということから提案されたものである。

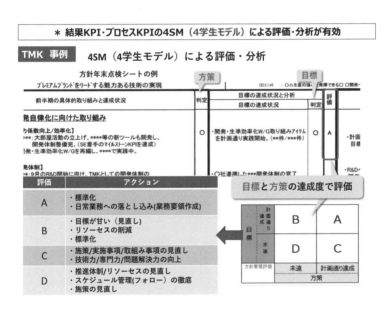

図 II-2.12　TMK の事例 5

第**3**章　課題②：方針の実行に必要な組織能力に関するPDCA

3.1　方針の実行に必要な組織能力とは何かを考える

　図Ⅱ-3.1は、課題②「方針の実行に必要な組織能力に関するPDCA」についての議論の結果をまとめたものの最初の1/3である。残りの部分については、後ほど図Ⅱ-3.11（p.98）および図Ⅱ-3.16（p.103）として示す。

　まずは、「（1）方針の実行に必要な組織能力とは何か？」というところから議論を始めた。組織能力については、ビジョンを達成するための組織能力、中長期経営計画を達成するための組織能力など、いろいろな考え方ができるが、方針管理研究会の場であるので、方針を実行するために必要な組織能力を議論の出発点にした。

　組織能力の中身についてはいろいろな要素が挙がったが、どうも、組織で働く個人一人ひとりがもつ能力の集合体（総和）として表されるものと、そこから醸成される集団としての能力、すなわち、個人の能力をしくみなどによって引き出したり活かしたりできる能力であり、いわば現場力とも呼ぶべきものの2つではないかということに意見がまとまった。この辺りは、以降で紹介する具体的な事例を読んでいただくことで、理解を深めていただきたい。

3.1.1　コニカミノルタの事例4：「方針を達成するための組織能力と定義する」

　図Ⅱ-3.2の左側に示すように、コニカミノルタでは、組織能力を、品質に関

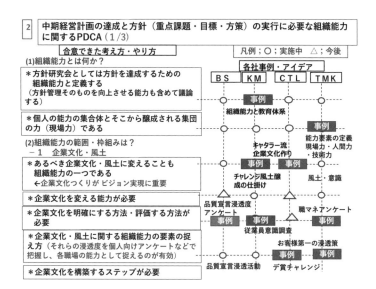

図Ⅱ-3.1　課題②「方針の実行に必要な組織能力に関する PDCA」について議論の結果(1/3)

図Ⅱ-3.2　コニカミノルタの事例 4

する中期計画（品質中計）を実現するための組織能力と品質部門における基礎的な組織能力という2つに分けて定義している。図の上段の品質中期計画を実現するための組織能力は、まさに方針の達成に直接関係する組織能力であり、下段の品質部門における基礎的な組織能力は、方針の実行力を支える基礎的な組織能力ともいえる。なお、後で説明するように、右下にある「会社の風土」も、2つの組織能力の前提となるもので、組織能力の一つと考えられる。

3.1.2 TMK の事例6：「組織能力とは Σ 個人の能力とそこから醸成される集団の現場力である」

　図Ⅱ-3.3に示すように、TMK では、職場全体が保有している現場力と、職場の各個人がもつ能力の集合体として技術力と人間力として組織能力を定義している。ここで、個人能力の集合体について能力をベースに職場の現場力が醸成されるという考え方をしている。また、それぞれの組織能力の内容については、一般的に提唱されているさまざまな組織能力を文献などから集めたうえで、

*組織能力とはΣ個人の能力とそこから醸成される集団の力と集団の現場力である

TMK 事例　　組織能力要素の定義　（赤字が能力要素）

分類	技術・技能面	人間関係面	
		能力	意識・意欲
	現場力		
職場全体が保有している能力　醸成	・改善力(チーム) ・コア・コンピタンス 　（技術） ・イノベーション力 ・情報収集・分析力	・チームワーク ・連携力 ・スピード	・改善・チャレンジ風土 ・コンプライアンス意識
個人能力の集合体としての能力 （その能力を持つ人がどのくらいいるか？何人いるか？）	技術力	人間力	
	・問題・課題解決力 ・未然防止力 ・戦略構築力 ・企画・創造力	・リーダーシップ	・モチベーション

一般的な「組織能力」から、ビジョン達成のために
伸ばすべき能力にフォーカスして抽出・定義化

図Ⅱ-3.3　TMK の事例6

その中から特に Vision 達成のために伸ばすべき能力にフォーカスして選定している。

3.2　組織能力の範囲・枠組みを定める

　課題②について次に議論したのは、「（2）組織能力の範囲・枠組みは？」という点である（図Ⅱ-3.1）。

　まず、「－1　企業文化・風土」が議論になった。結果として、企業文化づくりがビジョン実現に大変重要であり、あるべき企業文化・風土に変えていくことも組織能力向上の一つであるということで合意した。次に、あるべき企業文化に変えるには、あるべき企業文化の中身を明確にし、それと現状とのギャップを評価する方法が必要であるということになった。そこで、具体的に企業文化・風土に関する組織能力の要素をどう捉えるべきかを議論した。これについては、個人向けのアンケートなどを活用し、企業文化の各要素の浸透度を把握し、各職場の能力として捉えるのが有効ということで意見がまとまった。そのうえで、企業文化を構築するステップも必要という話になった。なお、組織能力を構築するステップについての議論の結果は、改めて3.3節で示す。

3.2.1　コニカミノルタの事例5：「あるべき企業文化・風土に変えることも組織能力の一つである」

　図Ⅱ-3.4に示すように、コニカミノルタでは、会社としてチャレンジする風土を大事な企業文化の一つと捉えており、「チャレンジ行動加点評価制度」を設け、チャレンジしたメンバーをほめるしくみをつくっている。

3.2.2　キャタラーの事例4：「あるべき企業文化・風土に変えることも組織能力の一つである」

　キャタラーでは、「顧客価値創造が重要」という企業文化に変えていこうと図Ⅱ-3.5に示す絵をつくり、図中の下段に示す2つの大きな課題への取組みを

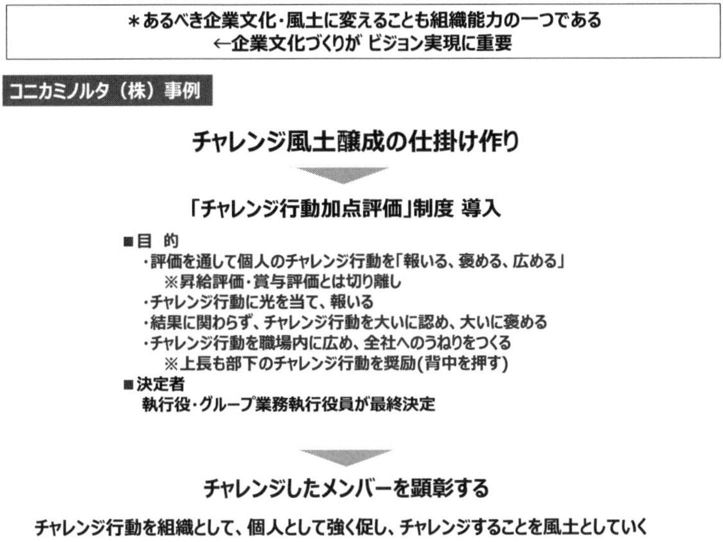

＊あるべき企業文化・風土に変えることも組織能力の一つである
←企業文化づくりが ビジョン実現に重要

コニカミノルタ（株）事例

チャレンジ風土醸成の仕掛け作り

▼

「チャレンジ行動加点評価」制度 導入

■目　的
・評価を通して個人のチャレンジ行動を「報いる、褒める、広める」
　※昇給評価・賞与評価とは切り離し
・チャレンジ行動に光を当て、報いる
・結果に関わらず、チャレンジ行動を大いに認め、大いに褒める
・チャレンジ行動を職場内に広め、全社へのうねりをつくる
　※上長も部下のチャレンジ行動を奨励（背中を押す）
■決定者
　執行役・グループ業務執行役員が最終決定

▼

チャレンジしたメンバーを顕彰する

チャレンジ行動を組織として、個人として強く促し、チャレンジすることを風土としていく

図Ⅱ-3.4　コニカミノルタの事例5

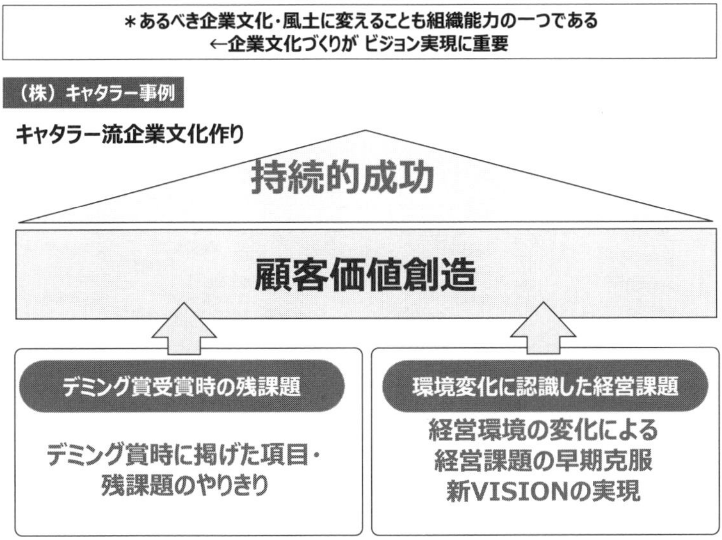

＊あるべき企業文化・風土に変えることも組織能力の一つである
←企業文化づくりが ビジョン実現に重要

（株）キャタラー事例

キャタラー流企業文化作り

持続的成功

顧客価値創造

⬆　　　　　⬆

デミング賞受賞時の残課題

デミング賞時に掲げた項目・
残課題のやりきり

環境変化に認識した経営課題

経営環境の変化による
経営課題の早期克服
新VISIONの実現

図Ⅱ-3.5　キャタラーの事例4

通じ、全社員に顧客価値創造という企業文化を根づかせようとしている。

3.2.3　ブリヂストンの事例1：「企業文化を明確にする方法・評価する方法が必要」

　ブリヂストンでは、品質宣言を通じ、品質を大事にする企業文化を根着かせる取組みを実施しており、図Ⅱ-3.6の楕円で囲んだところに示されているように、その全員への浸透度をアンケートにより測定している。これにより企業文化の評価を進めている。

3.2.4　コニカミノルタの事例6：「企業文化を明確にする方法・評価する方法が必要」

　図Ⅱ-3.7に示すように、コニカミノルタでは、Global Employee Survey（従業員意識調査）を全世界拠点で実施し、全社、各組織における企業文化、リー

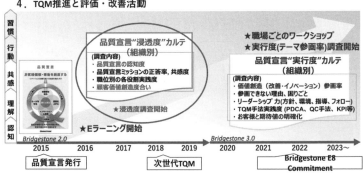

図Ⅱ-3.6　ブリヂストンの事例1

＊企業文化を明確にする方法・評価する方法が必要

コニカミノルタ（株）事例

「Global Employee Survey」実施による評価（従業員意識調査）

従業員一人ひとりの声に耳を傾け、
当社の強みや課題を理解すると共に
「個が輝く」組織風土の実現につなげていく

**全社、各組織における企業文化、リーダーシップのあり方、戦略理解度、仕事のやりが
い・働きがいとに関する調査を行い、その結果を評価し、改善に役立てている**

図Ⅱ-3.7　コニカミノルタの事例6

ダーシップのあり方、戦略理解度、仕事のやりがい・働きがいに関する調査を
行い、その結果を評価し、改善に役立てている。これは、従業員一人ひとりの
声に耳を傾け、会社の強みや課題を理解するとともに「個が輝く」組織風土、
企業文化の実現に繋げていく活動である。

3.2.5　TMKの事例7：「企業文化を明確にする方法・評価する方法が必要」

　TMKでは、毎年職場マネジメントアンケートを実施している。図Ⅱ-3.8は、
職場マネジメントアンケートの質問項目から職場風土、あるべき企業文化に関
する項目を抜粋したものである。職場マネジメントアンケートは、方針管理や
日常管理の理解や運営など職場のマネジメント全体を定点観測するものであり、
その質問項目の中に職場風土、企業文化に関する項目を設定して、そのレベル
の評価、推移を見て、改善を進めている。

＊企業文化を明確にする方法・評価する方法が必要

TMK 事例 職マネアンケート（事技系）の抜粋
　　　　　　　Ｑ４１～５２の質問は職場風土（企業文化の一部)に関するもの

Q41	あなたのグループでは、業務に必要なノウハウをタイムリーに蓄積・更新していますか。	⑥職場風土
Q42	あなたのグループは、企業倫理・コンプライアンス意識が高い（＝法令やコンプライアンス、CSR方針、職場ルールを重視して業務を遂行している）と思いますか。	⑥職場風土
Q43	あなたのグループでは、本音でものを言える（問題が起きた時にすぐ話せる）雰囲気がありますか。	⑥職場風土
Q44	あなたのグループには、メンバーが協力しあいながら「メンバー一人ひとりの力を引き出し、職場として成果を生み出す」職場風土が根付いていますか。	⑥職場風土
Q45	あなたのグループ長は、メンバーに対して日頃からよく声かけをしていますか。	⑥職場風土
Q46	あなたのグループ長は、メンバーの士気・活力を高めるような何らかの働きかけをしていますか。	⑥職場風土
Q47	あなたのグループでは、現地現物で仕事を進める習慣がありますか。	⑥職場風土
Q48	あなたのグループでは、「品質は工程で造り込む※」という考え方に基づいて、仕事をする習慣がありますか。	⑥職場風土
Q49	あなたのグループでは、失敗を恐れず、勇気を持ってチャレンジする風土がありますか。	⑥職場風土
Q50	あなたのグループでは、お互いに気配りや感謝の気持ちをもつなど、一人ひとりを大切にしていますか。	⑥職場風土
Q51	あなたのグループ長は、現状に満足せず、謙虚な姿勢で日々学ぼう努力し、周囲に好影響を与えていますか。	⑥職場風土
Q52	あなたのグループは、仕事の成果を出し続けていますか。	⑥職場風土

図Ⅱ-3.8　TMK の事例 7

3.2.6　キャタラーの事例 5：「企業文化を構築するステップが必要」

　図Ⅱ-3.9に示すように、キャタラーでは、グループ企業を含めてデミング賞への挑戦を積極的に推進しており、TQM 活動を通して会社をよくしていくという企業文化の構築を進めている。

3.2.7　TMK の事例 8：「企業文化を構築するステップが必要」

　図Ⅱ-3.10に示すように、TMK では、重要な企業文化・風土として、お客様第一と安全・品質・納期・原価の優先順位を大切にしており、その浸透のために各種のイベントを設定している。「トヨタ再出発の日」、「お客様月間」、「品質月間」、「オールトヨタ TQM 大会」などである。この図の左側に示されているように、各種イベント、啓蒙活動、アンケートの位置付けを明確にし、各イベントが密接に連動するようにしている。「トヨタ再出発の日」には、全員が

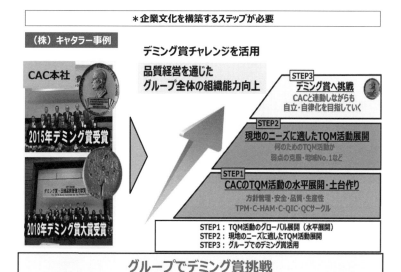

図Ⅱ-3.9 キャタラーの事例5

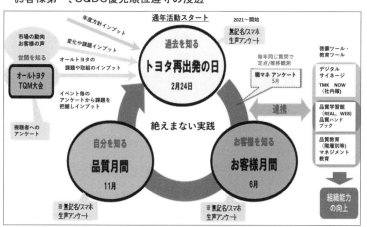

図Ⅱ-3.10 TMK の事例8

経営目標・戦略を達成できる組織能力の向上を目指したTQMの推進

考動宣言シートを記入し、お客様月間、品質月間のときにフォローするように
している。

　課題②の「（2）組織能力の範囲・枠組みは？」という点については、もう
1つ「－2　変化を察知し対応する能力」が議論になった。議論の結果を図Ⅱ－
3.11に示す。

　まず、当然ながら、変化の激しい今日において、それに対応するために、変
化を察知する能力も組織能力の一つであるという点で合意した。また、変化に
対応するために、環境の変化により、方針を見直すしくみが必要ということに
なった。さらに、環境の変化により、方針が修正され、それを実現するための
もつべき組織能力も変わるし、スピード感をもって変えていかなければならな
いということになった。ただし、変化に対応する方針管理については、WG－

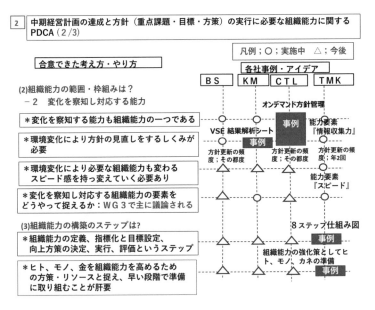

図Ⅱ-3.11　課題②「方針の実行に必要な組織能力に関する PCDA」についての議論
　　　　　の結果（2／3）

３の討議内容なので(第Ⅰ部参照)、WG-1としてはここで議論を止めることにした。

3.2.8　キャタラーの事例６：「変化を察知する能力も組織能力の一つである」、「環境変化により方針の見直しをする仕組みが必要」

　図Ⅱ-3.12に示すように、キャタラーでは、オンデマンド方針管理というしくみを作り、変化の激しい現代、会社方針は１年かけて実行するのではなく、方策設定時に完了の期限を決め、完了した方策はその都度、見直し、方策追加をするしくみにしている。

3.2.9　コニカミノルタの事例７：「環境変化により方針の見直しをする仕組みが必要」

　図Ⅱ-3.13に示すように、コニカミノルタでは、各部門の方針管理の進捗に

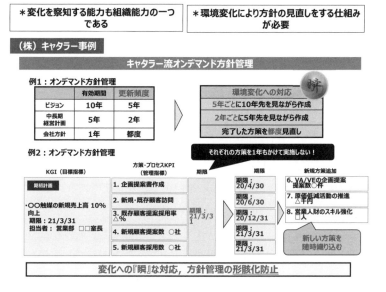

図Ⅱ-3.12　キャタラーの事例６

経営目標・戦略を達成できる組織能力の向上を目指したTQMの推進

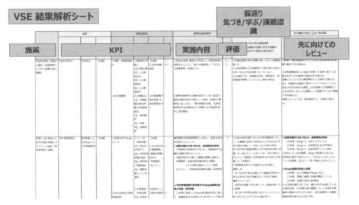

図Ⅱ-3.13　コニカミノルタの事例7

　おいて３カ月ごとに「気づき/学び/課題認識」の振り返りを行い、方針・施策
などへの見直しの習慣付けを行っている。これは、PDCA の CA をこまめに
回して変化に対応して修正するしくみである。

3.3　組織能力獲得のステップを明確にする

　課題②について３番目に問題になったのは、「（３）組織能力の構築のステッ
プは？」である（図Ⅱ-3.11）。
　組織能力の獲得についても PDCA を回すことが重要であり、組織能力の定
義、指標化と目標設定、向上方策の決定、実行、評価というステップが必要と
いうことで合意した。また、ヒト・モノ・金を組織能力を高めるための方策・
リソースと捉え、早い段階でその準備に取り組むことが肝要ということで意見
がまとまった。

3.3.1 TMK の事例 9 :「組織能力の定義、指標化と目標設定、向上方策の決定、実行、評価のステップ」

図Ⅱ-3.14に示すように、TMK では、「組織能力向上の 8 ステップ」という形で組織能力向上のしくみを明確にしている。

3.3.2 TMK の事例10:「ヒト・モノ・金の準備を組織能力を高めるための方策・リソースと捉え、早い段階でその準備に取り組むことが肝要」

図Ⅱ-3.15は TMK の一部門の組織能力強化の計画を示したものである。図の上段に方針テーマの実施事項が、中段に組織能力の目標値が示されており、右側と下段のL字の部分が組織能力向上の方策を洗い出したものである。右側の組織能力向上の方策には、生技開発エリア整備やデータの保管環境の整備な

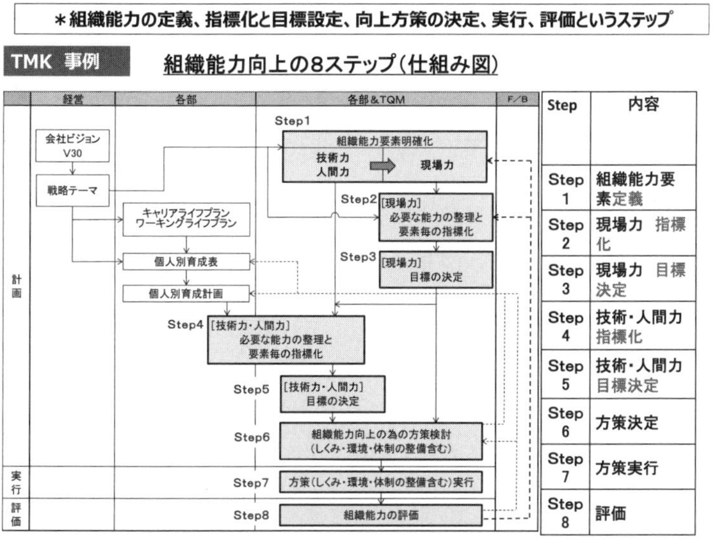

図Ⅱ-3.14 TMK の事例 9

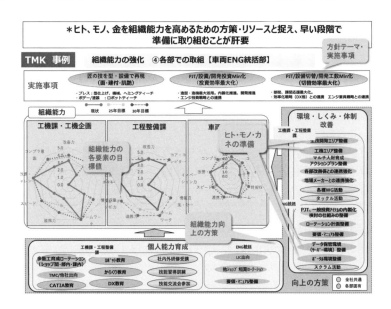

図Ⅱ-3.15　TMK の事例10

ど、人・モノ・カネの準備も含まれている。

3.4　組織能力を指標化しフォローする

　課題②について4番目に問題になったのは、「（4）組織能力の定義化・指標化・フォローは？」である。**図Ⅱ-3.16**に議論の結果を示す。

　まず、組織能力は全社での取組みであり、当然、全社的な定義が必要であり、全員への理解、わかりやすさを考えると、シンプルで明確な定義が必要ということで合意した。なるべく、全員にとっつきやすく、無理のないように、既存のしくみから定義化するのがよく、もちろん、新規の指標を設定することが必要な場面もあるが、できるだけ既存のKPIを活用すべきということになった。また、経営ビジョン、中期経営計画の実現のための組織能力であるので、数年先までの向上の目標設定、指標化が必要であり、方策を実行する各部門の組織

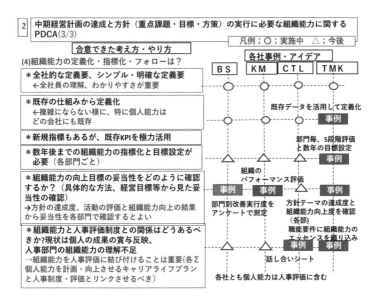

図Ⅱ-3.16　課題②「方針の実行に必要な組織能力に関する PDCA」についての議論の結果（3／3）

能力なので、それらの目標は部門ごとに設定する必要があるということになった。

　次に、「組織能力の向上目標の妥当性をどのように確認するか？」については、方針の達成度、活動の評価と組織能力向上の結果から妥当性を各部門で確認するとよいということになった。

　最後に「組織能力と人事評価制度との関係はどうあるべきか？」について議論した。これについては、各社ともに、現状は個人の成果を賞与に反映しており、人事部門の組織能力の理解不足があるが、組織能力を人事評価に結び付けることは重要であるということでまとまった。

3.4.1　TMK の事例11：「既存の仕組みから定義化」、「新規指標もあるが、既存 KPI を極力活用」

　図Ⅱ-3.17は、TMK で用いている現場力の能力要素ごとの内容と評価項目で

経営目標・戦略を達成できる組織能力の向上を目指したTQMの推進

＊既存のしくみから定義化 ＊新規指標もあるが、既存KPIを極力活用

TMK　事例	現場力の評価指標	下線部は既存のデータの活用

	組織能力の要素		各能力要素の評価項目
	項目	内容	
現場力	改善力（チーム）	チームで改善する能力	①QCサークル　サークルレベル
	コア・コンピタンス（技術）	デザインや商品企画から設計し、高い次元（性能、品質、重量、コストなど）で量産化できる能力	①こだわり品質　②コンカレントエンジニアリング ③中核技術　④量産化技術 ⑤設計開発環境の使いこなし　⑥技術開発力
	イノベーション力	"新商品"や画期的な"新工程、工法"の開発をする能力、およびプロセスなどを革新、変革する能力	①トップマネジメント　②イノベーション戦略 ③イノベーションプロセス　④人材育成 ⑤オープンイノベーション
	情報収集・分析力	情報を収集し、分析する力	①IoT・AIの活用　②初期品質情報 ③耐久品質情報　④商品性情報 ⑤新技術・新機構　⑥環境変化　⑦職マネ　3問
	チームワーク	職場のチームワーク	①職マネ　事技系　4問、技能系　7問
	連携力	機能軸・部門間・ステークホルダーの連携力	①職マネ　2問　②部門間連携　③機能軸連携 ④ステークホルダー　⑤方針達成連携
	スピード	迅速な決定と実行、変更、変革	①職マネ　5問　②意思決定　③情報発信・共有・浸透 ④資源投入　⑤組織体制・人事体制 ⑥実行・行動　⑦プロセス改革
	改善・チャレンジ風土	改善やチャレンジする雰囲気、風土	①職マネ　3問　②創意くふう参加率
	コンプライアンス意識	コンプライアンス遵守の意識と体制	①社内意識調査　②経営トップの意識 ③従業員の意識　④教育体制　⑤コンプライアンス体制 ⑥品質社内監査体制

図 II-3.17　TMK の事例11

ある。評価項目の中で赤字（本書では下線部）の部分が QC サークルレベルとか職場マネジメントアンケートの結果など、既存のデータを活用しているところである。極力、すでにあるデータを使い、組織能力の取組みへのハードルを低くするようにしている。

3.4.2　TMK の事例12：「数年後までの組織能力の指標化と目標設定が必要（各部門ごと）」

　図 II-3.18は、TMK において、ある部門の組織能力の中の現場力の一要素であるコアコンピタンスという項目に対する現状と2030年までの目標を、5 段階評価で整理したものである。Vision 実現、中期経営計画の達成のための方針テーマの実行、そのための組織能力の向上を目指しているので、短期的でなく中期的な目標設定と現状把握が重要となっている。

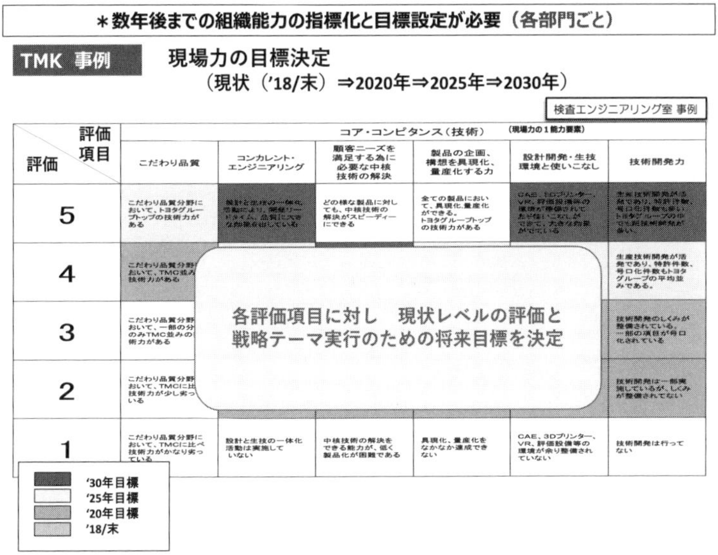

図Ⅱ-3.18　TMK の事例12

3.4.3　ブリヂストンの事例2：「組織能力の指標の妥当性をどのように確認するか？」

　ブリヂストンの場合、この事例の時点では、まだ組織能力の定義化はキチンとは実施されていないとのことであったが、**図Ⅱ-3.19**に示すように、企業文化・風土も組織能力の一つとして捉え、品質宣言という形で示したありたい企業文化の浸透度を確認している。図の右上の楕円で囲ったところに示されているように、品質宣言に基づく職場ごとの改善活動の実行度、参画度をアンケート測定している。これは、組織能力の一つである品質重視の風土づくりの目標設定やそれを目指した活動がうまく行っているか、妥当かどうかを確認する手法の一つの例と考えられる。

Ⅱ

経営目標・戦略を達成できる組織能力の向上を目指したTQMの推進

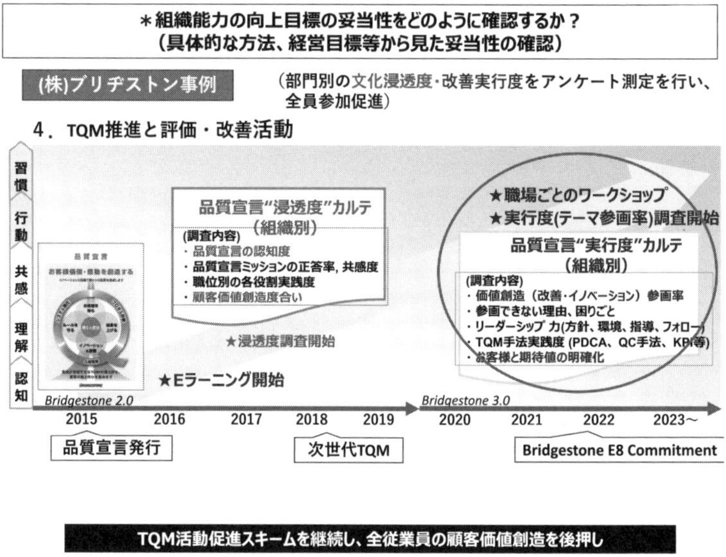

図Ⅱ-3.19　ブリヂストンの事例2

3.4.4　コニカミノルタの事例7：「組織能力の指標の妥当性をどのように確認するか？」

　図Ⅱ-3.20の左側に示すように、コニカミノルタでは、高めたい各部門の組織能力に対して、実際の業務の成果に加えて、組織のパフォーマンスを評価することで、設定した組織能力の向上目標が妥当だったかどうかを確認している。組織のパフォーマンスの評価については、実践する能力と変化に対応する能力の2つで見ている。試行を開始したところであり、その有効性については確認できていないが、この取組みも各組織で進めている組織能力がうまく向上しているのかどうか、結果を出しているのかどうかを確認する手法の一つといえる。

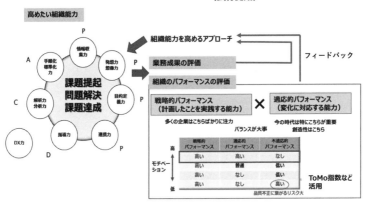

図Ⅱ-3.20　コニカミノルタの事例7

3.4.5　TMK の事例13：「組織能力の指標の妥当性をどのように確認するか？」

　図Ⅱ-3.21の上段のレーダーチャートは、TMK のある部門の組織能力の向上の状況と方針テーマの達成度の関係を確認しているグラフである。左側のレーダーチャートでは、2020年の組織能力の向上目標に対し、順調に各組織能力要素が向上していることがわかる。右上のレーダーチャートには、この部門の方針テーマの結果 KPI の達成状況が示されており、こちらも順調であることがわかる。このように組織能力の向上目標の達成状況と方針テーマの達成状況を同時に確認することで、設定した組織能力の向上計画の妥当性を確認することができると考える。

経営目標・戦略を達成できる組織能力の向上を目指したTQMの推進

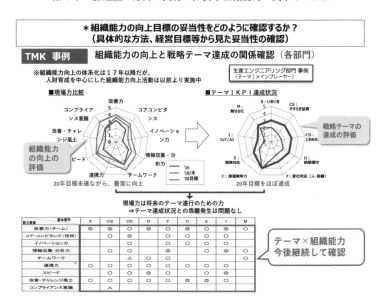

図Ⅱ-3.21　TMK の事例13

3.4.6　TMK の事例14：「組織能力（Σ 個人能力）を人事評価に結びつけるべき」

　図Ⅱ-3.22の左側の表は、TMK で用いている、組織能力の中で個人が保有する能力である技術実行力・人間力の評価項目である。これらの項目については、当初、TQM 推進室が独自に設定したが、メンバー一人ひとりの技術実行力・人間力を評価するのは工数がかかることから、全社に展開するのには大きな課題があった。そこで人事制度で定着している、右側の表にある「話し合いの評価項目である職能評価」との統一を人財開発部と協力しながら行った。話し合いの職能評価は、図の右側に示されている「既存の人財ナビ」というツールにデータが格納されているので、このデータを活用することで簡単に技術実行力・人間力の評価が行えるようになった。

＊組織能力（Σ個人能力）を人事評価に結び付けることは重要

TMK 事例

技術実行力・人間力向上の活動（組織能力と人事制度の職能要件を結び付け）

（ⅰ）デミング賞大賞受審時の課題
・人財開発部の職能要件と連動していない
・**職能評価に加え、組織能力の評価が追加　⇒　余分な工数増**
（ⅱ）対応
・人財開発部と調整を行い、組織能力と職能要件を統一

職能要件に組織能力のエッセンスを織り込む

分類	デ大賞時の評価項目	見直し後（話し合いの評価項目）	
技術・実行力	・問題、課題解決力 ・未然防止力 ・戦略構築力 ・企画・創造力（技術） ・プロ・マルチ人財	<幹部・基幹職> ・課題創造力 ・課題遂行力 ・専門性 ・組織マネジメント力 ・人財活用力	<係・工長～一般> ・思考力 ・行動力 ・専門性 ・組織運営支援 　/指導育成力
人間力	（能力） ・リーダーシップ力 （意識・意欲） ・モチベーション	<共通> ・周囲への貢献 ・謙虚、成長 ・相手への興味、感心 ・挑戦	

図Ⅱ-3.22　TMK の事例14

3.4.7　TMK の事例14（続き）：「組織能力（Σ 個人能力）を人事評価に結びつけるべき」

　図Ⅱ-3.23は、TMK におけるデミング賞大賞時の組織能力と人事制度の関係を表した当初のイメージ図である。前の事例で説明した見直しにより、職能要件に組織能力のエッセンスを取り込んだ形となった。

3.4.8　キャタラーの事例 8 ：「組織能力（Σ 個人能力）を人事評価に結びつけるべき」

　図Ⅱ-3.24の表は、キャタラーで用いている、上司とメンバー間の目標管理・評価の話し合いのためのシートの例である。期初・期末での個人能力の評価・目標・教育計画・取組みテーマと方針の関係などを確認し、フィードバックするしくみになっている。

Ⅱ

経営目標・戦略を達成できる組織能力の向上を目指したTQMの推進

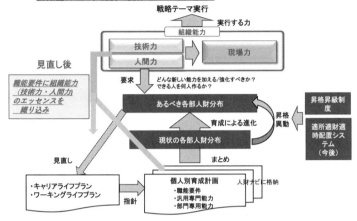

図 II-3.23　TMK の事例14（続き）

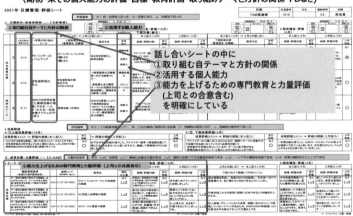

図 II-3.24　キャタラーの事例 8

第4章　課題③：組織能力を向上させるTQMに関するPDCA

4.1　組織能力とTQMの関係を整理する

　図Ⅱ-4.1は、課題③「組織能力を向上させるTQMに関するPDCA」についての議論の結果の前半部分をまとめたものである。残りの部分については、後ほど図Ⅱ-4.6（p.116）として示す。

　まずは、「（1）組織能力とTQM活動要素の関係の整理は？」という点から議論を始めた。第一に、方針テーマと組織能力とTQMについて「－1　関係の整理」が重要であり、QC手法であるT型マトリックスなどを用いて整理することが有効ということで合意した。次に、第3章で、組織能力にはΣ個人能力と集団の力の2つがあると説明したが、「－2　Σ個人能力の部分とTQM活動要素の関係」については、各社とも個人能力については人材育成のしくみで対応していることを確認した。他方、「－3　集団の能力とTQM活動要素の関係」については、集団の能力の向上のためにTQM活動要素が主に使われていることを確認した。また、実行する方針テーマの担当部門ごとに必要な組織能力があるので、事業ごと、あるいは各機能、部門単位で組織能力の設定が必要ということで意見がまとまった。もちろん、第Ⅱ部3.2節で述べたように、あるべき企業文化の確立のように会社全体で取り組むべき組織能力も存在する。

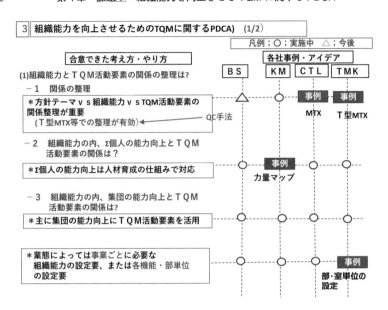

図Ⅱ-4.1　課題③「組織能力を向上させる TQM に関する PDCA」についての議論の結果（1／2）

4.1.1　キャタラーの事例9：「方針テーマ vs 組織能力 vs TQM 活動要素の整理が重要」

　図Ⅱ-4.2 に示したように、キャタラーでは、縦軸に方針テーマなどの活動を、横軸に各活動の実行に有効と思われる TQM の構成要素をとったマトリックスを作成し、どのような TQM の手法や方法を活用すれば方針テーマの活動がうまく回せるかを明確にしている。

4.1.2　TMK の事例15：「方針テーマ vs 組織能力 vs TQM 活動要素の整理が重要」

　図Ⅱ-4.3 に示したように、TMK では、T 型マトリクスを用いて、方針テーマ、必要な組織能力、その向上のための TQM 活動要素の関係を整理している。

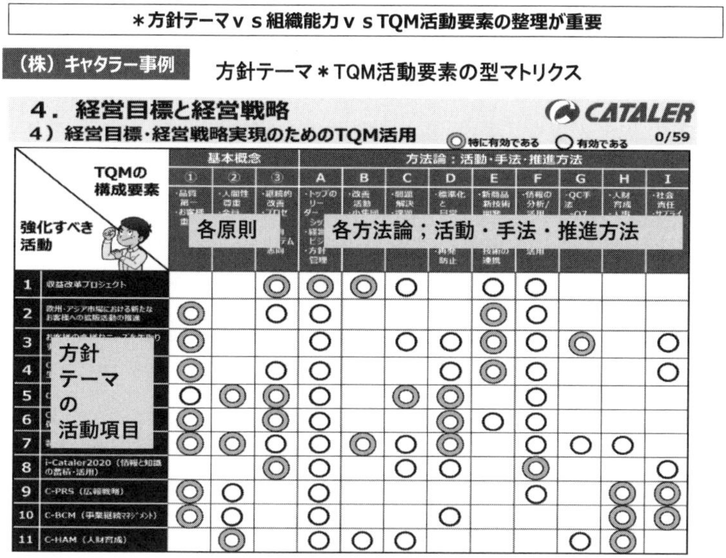

図Ⅱ-4.2　キャタラーの事例９

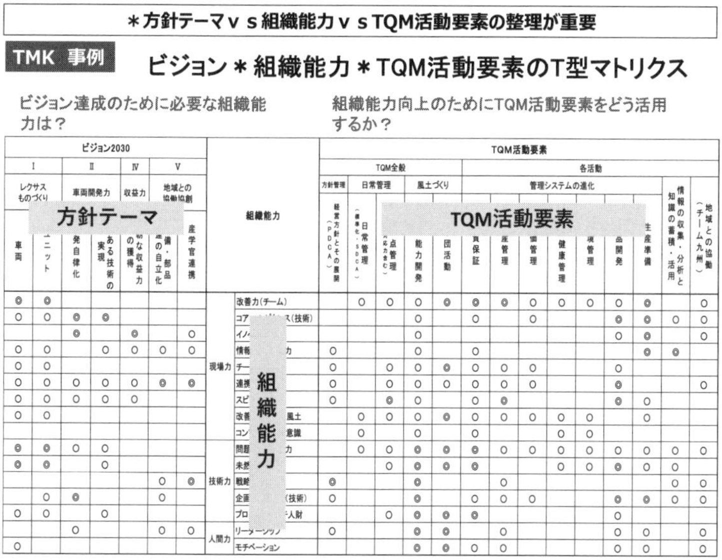

図Ⅱ-4.3　TMK の事例15

各方針テーマの実行のために向上すべき組織能力の各要素の議論、その向上のためにどの TQM 活動要素を使うかを整理する手法の一つと考える。

4.1.3　コニカミノルタの事例 8 ：「Σ 個人の能力向上は人材育成で対応」

　図Ⅱ-4.4に示したように、コニカミノルタでは、各組織において必要なスキルを明確にし、評価し、必要なスキルを獲得するしくみとして、「力量マップ」を活用している。各組織単位で、業務で必要となる力量の項目・内容を明確にしたうえで、各メンバーの力量を評価し、その結果に基づいて、必要なスキルの教育・訓練の計画を立案・実施・管理している。

4.1.5　TMK の事例16：「業態によっては事業ごとに必要な組織能力の設定要、または各機能・部単位の設定要」

　図Ⅱ-4.5に示したレーダーチャートは、TMK のある部門における室単位での技術力・人間力の現状と年度ごとの目標を表したものである。技術力・人間

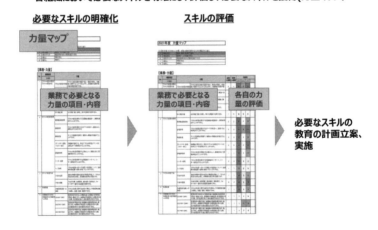

図Ⅱ-4.4　コニカミノルタの事例 8

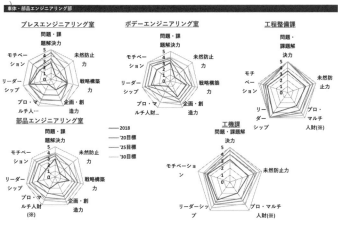

図Ⅱ-4.5　TMK の事例16

力は、組織能力の中の Σ 個人能力の部分であり、このように20〜30人規模の室単位で、組織能力の評価と目標設定を行っている。これは室ごとに実行する方針テーマの活動内容が異なるため、必要となる組織能力が異なるためである。

4.2　組織能力の向上に TQM をどう活用するかを考える

　課題③について次に議論したのは、「（2）組織能力向上のためにどのように TQM を活用するか？」についてである。**図Ⅱ-4.6**に議論の結果のまとめを示す。

　まず、TQM の考え方、手法のお手本、ベストプラクティスなどを内外から収集し、ノウハウ集として見える化・整備・保管し、活用を促進するしくみが必要ということで合意した。また、このノウハウ集を活用することにより組織能力の向上に繋げていく必要があるということになった。さらに、各社におい

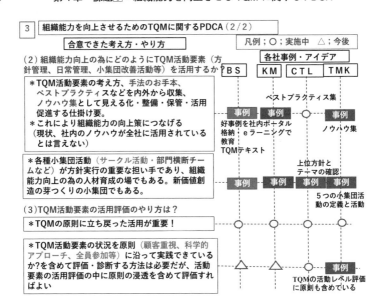

図Ⅱ-4.6　課題③「組織能力を向上させる TQM に関する PDCA」に関する議論の結果（2／2）

　て、これらのノウハウ集の整備は進んでいるが、現状では、社内のノウハウが全社に十分活用されているとはいえないとの話があった。この辺りは各社の TQM 事務局の今後の課題である。

　TQM 活動要素の一つである各種の小集団活動は、各社ともまさに方針テーマの各施策の実行の重要な担い手であると認識しており、小集団活動のレベルアップが組織能力の向上に繋がるという点で意見が一致した。

4.2.1　ブリヂストンの事例3：「TQM の考え方、手法のお手本、ベストプラクティスなどを内外から収集、ライブラリー化し組織能力の向上策につなげる」

　図Ⅱ-4.7は TQM 活動推進のスキームを表した図であり、ブリヂストンでは、右上の楕円で囲った「価値創造ポータル」という事例共有の場を設定しており、

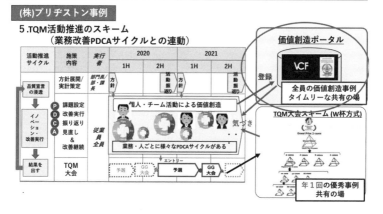

図Ⅱ-4.7　ブリヂストンの事例 3

個人・チーム活動を進める中での気付きを得るしくみをつくっている。

4.2.2　コニカミノルタの事例 9：「TQM の考え方、手法のお手本、ベストプラクティスなどを内外から収集、ライブラリー化し組織能力の向上策につなげる」

図Ⅱ-4.8に示すように、コニカミノルタでは、社内のベストプラクティスを共有するしくみをつくっている。ベストプラクティスは、図の左側から方針管理の運用に関するもの、品質マネジメントシステムに関するもの、QC サークル活動に関するものに分けて整理されている。

4.2.3　TMK の事例17：「TQM の考え方、手法のお手本、ベストプラクティスなどを内外から収集、ライブラリー化し組織能力の向上策につなげる」

図Ⅱ-4.9の右側の表に示すように、TMK では、TQM の活動要素ごとにあ

> ＊**TQM活動要素の考え方、手法のお手本、ベストプラクティスなどを内外から収集、見える化、ライブラリー化し組織能力の向上策につなげる**

コニカミノルタ（株）事例

社内ベストプラクティスの共有

「方針管理」運用の 社内ベストプラクティスの共有	品質マネジメントシステムの 社内ベストプラクティスの共有	QCサークル活動の 社内ベストプラクティスの共有

方針管理、品質マネジメントシステム、QCサークル活動等のベストプラクティス等を社内で共有

図Ⅱ-4.8　コニカミノルタの事例9

> ＊**TQM活動要素の考え方、手法のお手本、ベストプラクティスなどを内外から収集、見える化、ライブラリー化し組織能力の向上策につなげる**

TMK 事例　活動要素およびそれを促進する手法・ツールのノウハウ集

TQM活動要素＆手法/ツール

【目次】
1. 品質保証
2. 生産管理
3. 原価管理
4. 安全・健康管理
5. 環境管理
6. 商品開発
7. 生産準備
8. 地域との協働（チーム九州）

TQM各指針	標準	文献	TQM点検	意見書	過去の知見

あるべき活動
（教科書）

活用　⇩　⇧　標準化

各活動

項目		あるべき活動	手法&ツール
	全般	・品質保証担当責任者と専門担当組織の設定 ・品質保証のしくみと改善 ・品質保証規則の整備と展開 ・品質方針の策定と展開 ・監査改良会議等による品質問題検討	・品質機能展開 ・品質保証規則システム
	設計・開発	・設計標準、技術標準の整備 ・DR ・設計未然防止活動 ・失敗事例、不具合事例のDB作成と活用 ・技術の棚化 ・MBD(ModelBacedDevelopment) ・技術開発のしくみ	・設計FMEA,FTA ・信頼性工学 ・品質工学 ・品質機能展開 ・CAD、CAEシュミレーション技術
品質保証	生産準備	・未然防止活動 ・こだわり造り込み活動 ・技術の棚化 ・生産技術標準の整備(TMS) ・技術開発のしくみ ・汎用化 ・加工点保証計画 ・良品条件計画	・工程FMEA、 ・設備FMEA ・VR、MR、AR ・業務フロー図、業務分担表
	製造準備	・加工点保証整備 ・良品条件整備 ・標準類の整備 ・工程能力把握 ・未然防止活動 ・工程保証度確認 ・工程監査	・作業手順書、要領書 ・QC工程表 ・作業FMEA ・QAネットワーク ・QCMS ・工程能力指数
			・QAネットワーク ・QCMS

図Ⅱ-4.9　TMK の事例17

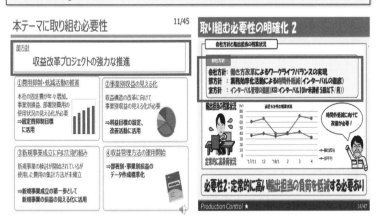

図Ⅱ-4.10　キャタラーの事例10

るべき活動、関連する手法をノウハウ集として整理し、社内で検索、活用できるようにしている。この仕事も TQM 推進部門の仕事としている。

4.2.4　キャタラーの事例10：「各種小集団活動が実行の重要な担い手」

　図Ⅱ-4.10に示すように、キャタラーでは、各種の小集団活動のテーマ選定の際には、必ず、上位の方針との関係をチームとその上司で確認するしくみにしている。

4.2.5　TMK の事例18：「各種小集団活動が実行の重要な担い手」

　図Ⅱ-4.11の上段の表に示すように、TMK では、小集団活動を方針達成のための改善活動のドライバーとして捉えており、タックル活動、スクラム活動、自主研活動(TPS 現場改善)、チーム活動、PJ チーム活動の5つのタイプに分類している。技能系職場のタックル活動、事技系職場のスクラム活動は第一線

＊各種小集団活動（サークル活動・部門横断チームなど）が実行の重要な担い手

TMK 事例

小集団活動の種類・狙い・活動領域

方針達成のために展開する各種の各改善活動に対し　下記の 5 つの小集団活動を適時、設定して対応

活動		内容	チーム数(2018年)	参加対象	活動時間
QCサークル（各職場単位）	タックル活動	技能系職場を中心とした小集団による改善活動	663サークル	全員参加	2H／月
	スクラム活動	事技系職場を中止とした小集団による改善活動	157サークル		
その他活動（各職場単位）（部内横断）（機能・部門横断）	自主研活動	工程の改善を行い、編成効率の向上を実施	16チーム	活動に応じてメンバー選出	就業時間内　時間は特に決まってない
	チーム活動	各部、室、課で方針達成や問題解決の為にチームを作り、取り組む活動	133チーム		
	P／Jチーム活動	方針達成の為に部門を横断したチームを作り、取り組む活動	48チーム		

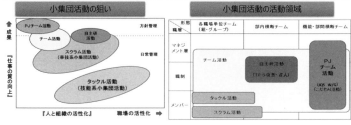

図 II-4.11　TMK の事例18

＊各種小集団活動（サークル活動・部門横断チームなど）が実行の重要な担い手

TMK 事例　戦略テーマ（施策実行）を担う
自主研活動・チーム活動・P／Jチーム活動事例

活動	チーム数(2018年)	事例	戦略テーマ							
			テーマI				テーマII	テーマIII	テーマIV	テーマV
			CS/CS/CD	D/I/F	C	E				
自主研活動	16	課内自主研	○	○						
		工場自主研	○	○						
		ボデーグループ自主研	○	○						
チーム活動	133	物流効率化WG活動			○	○				
		原動力運用改善によるCO2低減活動			○	○				
		キャベツ畑活動（1エンジン・2エンジン・キャスティング）	○							
		水素設備メンテナンス費低減活動			○	○				○
		仕入先不具合低減活動（車体部）	○							○
		【新進】業務改善WG　マニュアルWG							○	
P／Jチーム活動	48	V30戦略テーマI-1 コンセプト軸W/G（S,CS,CD,C,D,F,E,I,M）	○	○	○	○	○		○	
		V30戦略テーマI-1 ショップ軸W/G	○	○	○	○	○		○	
		開発・生準効率化W/G						○		○
		CO2低減活動（苅田 製造部×エンジニアリング部）				○			○	
		メンタルヘルス向上推進連絡会	○							
		敷地内禁煙プロジェクト	○							
		スプリングフェスタ担当者会議								○

図 II-4.12　TMK の事例18（続き）

の従業員による QC サークル活動であり、一方、自主研、チーム活動、PJT
チーム活動はクロスファンクショナルな活動である。

4.2.6　TMK の事例18（続き）：「各種小集団活動が実行の重要な担い手」

　図Ⅱ-4.12は、TMK において、先ほど説明した5つの小集団が戦略テーマ
（方針テーマ）に対し、具体的にどのようなテーマで活動しているかを示したも
のである。例えば、チーム活動の1つ目の物流効率化ワーキング活動は、戦略
テーマⅠのデリバリーとフレキシビリティという生産リードタイムなどの向上
に取り組むチーム活動である。

4.3　TQM 活動要素を評価する

　課題③について3番目に議論したのは、「（3）TQM 活動要素の活用評価の
やり方は？」についてである（図Ⅱ-4.6）。
　まず、顧客重視、全員参加などの TQM の原則に立ち戻った TQM の活用が
重要であり、これらの原則に沿って TQM を実践できているかを含めて評価・
診断する方法が必要であるという点で合意した。ただし、別で扱うと複雑にな
るので、TQM 活動要素の活用評価の中に原則の浸透を含めて評価すればよい
ということになった。
　なお、参考までに、一般的に用いられている TQM の原則を図Ⅱ-4.13に、
TQM 活動要素を図Ⅱ-4.14に示しておく。

4.3.1　TMK の事例19：「TQM の原則に沿って実践できているか？　を 含めて評価・診断する方法は必要だが、原則の浸透を含めて評価 すればよい」

　図Ⅱ-4.15に示すように、TMK では、TQM 活動の状況を継続的かつ客観的
に把握し、弱み・強みを明確にし、さらなる TQM 強化を進めるために、全社
の活動レベルが測れるモノサシを設定している。「TQM 活動レベル評価」と

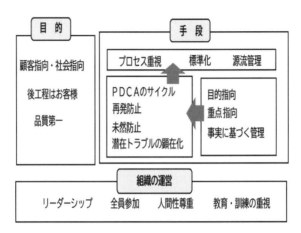

出典）中條武志・山田秀編著：『マネジメントシステムの審
　　　査・評価に携わる人のための TQM の基本』、日科技連
　　　出版社、p.9、図1.4、2006年

図Ⅱ-4.13　TQM の原則

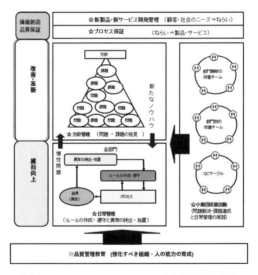

出典）JSQC-Std 31-001：2015「小集団改善活動の
　　　指針」、p.7、図1

図Ⅱ-4.14　TQM 活動要素

名称を付け、定期的に TQM 有識者で定点観測の形で進めており、評価項目の中に原則の浸透も含めて評価している。評価シートは日本品質奨励賞自己診断シートをベースに作成したが、デミング賞受賞後に評価項目の見直しを行っている。

＊TQM活動要素の状況を原則（顧客重視、科学的アプローチ、全員参加等）に沿って実践できているか?を含めて評価・診断する方法は必要だが、
活動要素の活用評価の中に原則の浸透を含めて評価すればよい

TMK 事例　　TQM活動レベル評価（会社全体）

【目的】TQM活動を継続的に客観的に把握し、弱み・強みを明確にし、さらなるTQM強化を効率的に計画的に進めるために、活動レベルが測れるモノサシを設定
（TQM推進室の役員、室長ほかTQM有識者で定点観測）

奨励賞自己診断シートをベースに作成（2015年）

診断シート見直し（2017年）

①デミング賞審査、TQM点検の改善項目やノウハウ織込み

②環境変化によって追加 AI、機械学習の対応

③抜けていた項目の追加 『品質保証』

評価項目の中に原則の浸透も含めて評価している

新旧　評価シートの比較

No	評価分類	質問数 旧	質問数 新
1	経営目標と経営戦略、方針管理	7	11
2	TQMの推進体制	6	10
3	品質保証	0	5
4	標準化と日常管理	5	9
5	改善活動	8	11
6	品質情報の収集・伝達・分析・活用	6	6
7	情報技術の活用	5	6
8	QC手法の活用	6	8
9	新商品の開発	5	7
10	人材の育成	6	6
	項目数合計	54	79

図Ⅱ-4.15　TMK の事例19

第**5**章　課題④：中期経営計画・組織能力・TQM の対応関係に関する PDCA

5.1　全体の関係を整理しシナリオをつくる

図Ⅱ-5.1は、課題④「中期経営計画・組織能力・TQM の対応関係に関する PDCA」についての議論の結果をまとめたものである。

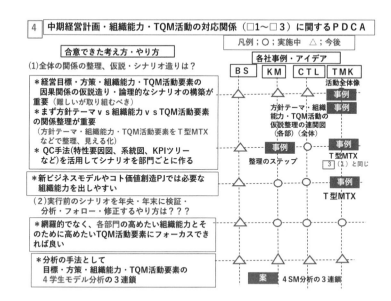

図Ⅱ-5.1　課題④「中期経営計画・組織能力・TQM の対応関係に関する PDCA」についての議論の結果

　まずは、「（1）全体の関係の整理、仮説・シナリオ造りは？」について議論した。やはり、方針管理をうまく回すためには、大変難しいものの、経営目標・方策・組織能力・TQM の因果関係の仮説づくり、論理的なシナリオの構築が重要であり、積極的に取り組むべきという点で意見が一致した。また、仮説・シナリオを構築するうえでは、特に方針テーマ vs 組織能力 vs TQM の関係整理が重要であり、Ｔ型マトリックスなどで整理・見える化することが有効ということになった。なお、新しいビジネスモデルへの取組みや新価値創造プロジェクトでは、現状もっていない能力の検討になるので必要な組織能力を考えやすいのではないかという意見が一部のメンバーから出た。

5.1.1 TMK の事例20：「目標・方策・組織能力・TQM の因果関係の仮説・シナリオの構築が重要（全体像）」

　図Ⅱ-5.2は、TMK における TQM 活動の全体像を示したものである。方針

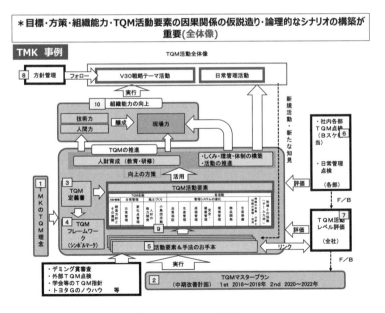

図Ⅱ-5.2　TMK の事例20

テーマ、組織能力、TQM の間の因果関係の仮説を立てる前に、それらの関係を全体像として整理し、全社に理解してもらうことが重要で、このような図をつくり、TQM 教育の中で説明し、理解を促している。内容は、①TMK の TQM 理念、および②TQM マスタープランに基づき、TQM を推進することにより、⑩組織能力が向上し、V30戦略テーマ活動が実行できるという構成になっている。また、TQM 活動を評価するものとして、⑥社内各部 TQM 点検、日常管理点検、および⑦全社 TQM 活動レベル評価を設けている。

5.1.2 TMK の事例21：「目標・方策・組織能力・TQM の因果関係の仮説・シナリオの構築が重要（各部・各現場）」

　図Ⅱ-5.3は、TMK のある室の方針テーマの実施事項とその実行のために、特に向上すべき組織能力の要素とその向上の方策を検討し、図としてまとめたものである。このような連関図の作成も仮説・シナリオづくりの一例と考えら

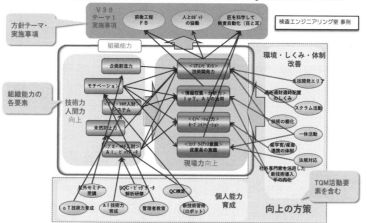

図Ⅱ-5.3　TMK の事例21

れる。

5.1.3　コニカミノルタの事例10：「方針テーマ vs 組織能力 vs TQM の整理が重要」

　図Ⅱ-5.4に示すように、コニカミノルタでは、今までの製品ではなく新しい事業・サービスビジネスの創出のための方針テーマ・組織能力・TQM の整理のステップを考えられている。これまでとは異なる図下のようなサービス商品化プロセスを確立し、必要な組織能力・人財スキルを明確化し、TQM 活動要素と関係付けての能力・スキルの獲得という整理のステップである。

5.1.4　TMK の事例22：「方針テーマ vs 組織能力 vs TQM の整理が重要」

　図Ⅱ-4.3についてはすでに第Ⅱ部**4.1節**で説明したが、TMK では、Ｔ型マトリクスで方針テーマ、必要な組織能力、その向上のための TQM 活動要素を整

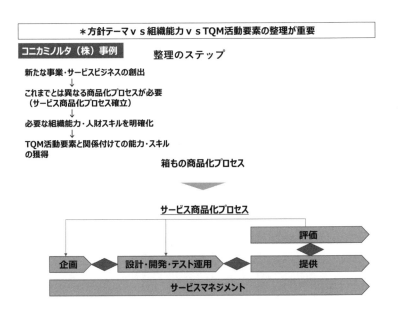

図Ⅱ-5.4　コニカミノルタの事例10

理している。各方針テーマ実行のために向上すべき組織能力の各要素の議論、その向上のためにどの TQM 活動要素を使うかを整理する手法の一つといえる。

5.2　シナリオを検証・分析・フォロー・修正する

　課題4について次に議論したのは、「（2）実行前のシナリオを年央・年末に検証・分析・フォロー・修正するやり方は？」である（図Ⅱ-5.1）。これについては、網羅的でなく、各部門の高めたい組織能力とそのために高めたい TQM 活動要素にフォーカスできればよいということで合意した。また、分析の手法として、目標・方策・組織能力・TQM の4学生モデル分析の連鎖が使えるのではと考えた。実施できている会社はまだないが、分析のためのデータがほぼ揃えられる会社もあり、今後の活用に期待したい。

5.2.1　「分析の手法として目標・方策・組織能力・TQM 活動要素の4学生モデル分析の連鎖」のアイデア（1／2）

　第Ⅱ部2.2節の方針の実行を評価する手法のところで、方針テーマの結果 KPI と方策のプロセス KPI の評価を4学生モデルで行うと分析しやすいこと、また各社でも行われているということを述べた。方針テーマ、実行のための組織能力の向上、そのための TQM 活動、これら一連の活動の評価の方法として、図Ⅱ-5.5に示すように、それぞれ4学生モデルで解析するとうまく次の修正・見直しすべき点が出せると考えられる。

5.2.2　「分析の手法として目標・方策・組織能力・TQM 活動要素の4学生モデル分析の連鎖」のアイデア（2／2）

　図Ⅱ-5.6は、図Ⅱ-5.5の前提として行っておくとよい活動を説明したものである。4学生モデルでの期末反省時の分析を行うには、方針策定時において方針の実行、組織能力の向上、TQM の実現の連鎖についてのシナリオをつくっておくこと（論理的なシナリオの構築）が重要である。このシナリオづくりには、

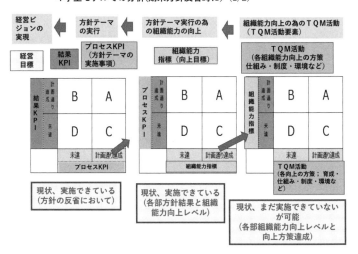

図Ⅱ-5.5 「分析の手法として4学生モデル分析の3連鎖」のアイデア（1/2）

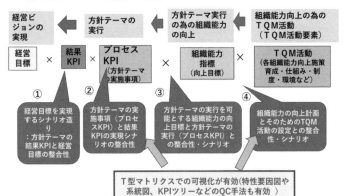

図Ⅱ-5.6 「分析の手法として学生モデル分析の3連鎖」のアイデア（2/2）

T型マトリクスを用いた可視化が有効であり、また、特性要因図や系統図、KPI ツリーなどの QC 手法も有効と考えられる。

Ⅱ

経営目標・戦略を達成できる組織能力の向上を目指したＴＱＭの推進

第6章　第Ⅱ部のまとめ

　図Ⅱ-6.1は、WG-1の研究について今まで説明してきた内容を1枚の図にまとめたものである。図中、外側の網掛けした部分が会社全体の活動、中央の網掛けした部分が各部門の活動を示す。この図では、上から経営vision、中期経営計画から会社方針、各部門の方針テーマ実行、それを支える組織能力の向上、獲得、それを支えるTQM活動を配置し、そのまわりに今まで説明してきた各

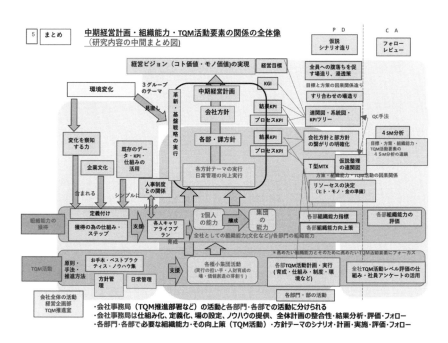

図Ⅱ-6.1　WG-1の研究の全体像

項目とその関係を示してある。なお、経営企画部、TQM 推進室などの会社事務局の仕事は、この図の中のしくみ化、定義化、場の設定、ノウハウの提供、全体計画の整合性・結果分析・評価・フォローであり、一方、各部門・各部での仕事は必要な組織能力・その向上策（TQM 活動）・方針テーマのシナリオ・計画・実施・評価・フォローである。

　第Ⅱ部を終えるに当たって、方針管理研究会 WG-1 の場が、事業構造や規模の異なる、各社からのメンバーが各社の経験や考え方を出し合い、議論し、相互に学び合い、考え、気付きを得られる場となったことを強調したい。また、メンバー各社より各種事例を議論の題材として提供いただいたことにお礼を申し上げる。主に製造業（BtoB、BtoC）の会社からのメンバーであったため、議論した内容がどこまで、広く産業界で参考になるものがあるかは疑問であるが、少しでも参考になる点があれば、メンバー一同うれしく思う次第である。

第Ⅲ部

顧客価値創造に
役立つ方針管理とは
―CVC方針管理の提案―

第1章 研究概要

1.1 WG-2活動紹介

　昨今、注目を浴びている顧客価値創造の考え方、およびフレームワークは、TQMが長年提唱し続けてきたことと大きな違いはないものの、改めて「顧客とは誰か」、「顧客価値とは何か」、「価値創造とは何をすることか」など、TQMの本質を再度見直すよい機会となっている。すなわち、従来はビジネスとして捉えていた顧客の概念を超越し、スコープをどこまで拡げ、どのように定義し直していくかを考えたうえで、顧客にとっての価値とは何を意味し、顧客価値を新たに創造するために、どのような活動を展開していくのか、それは今までのモノづくりの延長線上にあるプロセスなのか、それともまったく別次元なのか、さらには、顧客価値創造の構想・実装活動を実現するために、どのような組織能力が必要で、その能力をどのように獲得していくか、そして、TQMはどのような役割を果たすべきなのか、などを考え直すエポックメイキングになることを意味している。

　第Ⅲ部では、上述した顧客価値創造の構想・実装活動に求められる組織能力の獲得・向上に役立つ方針管理のあり方について、WG-2（Customer Value Creation リサーチチーム、以下 CVC リサーチチーム：メンバーは表1（p.iv）で研究してきた成果の一端をまとめている。その意味で、本書に書かれている内容の多くは、今まで私たちが進めてきた方針管理の考え方、方法論、体系・体制・しくみ、手法、および人の行動のあり方まで含めて、一つの革新的テー

ぜと方向性を提案するものであり、本書を手に取り、その新たな視点の一端を
少しでも感じていただければ、この上ない喜びである。

1.2　モデルケース紹介

　CVC リサーチチームが「顧客価値創造を実現するための方針管理」の研究
を進めるにあたって、メンバーの勤務先の職種は多様であることから、目線を
一致するためにモデルケース（表Ⅲ-1.1）を設定した。そして、各社の実例は社
外秘扱いのため、モデルケースは架空の企業を設定した。したがって、これか
ら紹介する事例はフィクションであることをあらかじめ申し添えつつ、顧客価
値創造を志向する読者が「なるほど」と思えるように、できる限り具体的に、
リアリティ溢れる内容にしている。

表Ⅲ-1.1　モデルケース（PFD 社）の概況

会社名	パレスフィールド株式会社（通称 PFD）
代表者名	代表取締役社長　宮原麗子
創業	1970年
主な事業	ロボット、自動車用部品の製造
主要顧客	ライトウィステリア（LWA）社（自動車メーカー）

表Ⅲ-1.2　登場人物紹介

宮原　麗子	PFD 社社長
黒石　英樹	PFD 社副社長（経営戦略担当）
沢柳　学人	PFD 社 TQM 推進室長
藤光　哲郎	LWA 社社長
古倉　賢二	LWA 社 TQM 推進部長
安供　勝巳	イージーウィズ社（IT 企業）社長

　今回の主役となるパレスフィールド(PFD)社は、主にロボット、自動車用部品を製造し、自動車メーカーなどに納品している。年間売上高は 4,000〜4,500 億円で推移しているものの、緩やかな右肩下がりの傾向にあり、物価高、担い手不足、さらには社会のパラダイムシフトも相まって、宮原社長の危機感は募る一方となっている。そして、これから**表Ⅲ-1.2**の人物を中心に、新たな顧客価値創造へのストーリーが繰り広げられる。

第2章　顧客価値創造のフレームワーク

2.1　UX プランを提案して顧客を勝たせる

〈2021年10月〉

　PFD 社の業績が低迷傾向にあることに危機感を募らせている宮原社長は、経営セミナーに参加して打開策のヒントを得ようとしたものの、論点に挙げられていた「ユーザーエクスペリエンス(UX)」、「カスタマージャーニー」などはサービス業の実装事例であったことから、製造業(サプライヤー)に身を置く宮原社長はまったく受け入れられず、悩みは深まるばかりであった。

　宮原社長の苦悩を目にして、経営戦略担当の黒岩副社長は、**図Ⅲ-2.1**を示して、PFD 社を成長に導く手がかりが、ユーザーの体験から得られることを説いた。

　PFD 社はサプライヤーであり、BtoB 企業であるものの、toB の先に必ずあるユーザーの体験(UX)に着目して、PFD 社の製品の利用価値を高めると、そ

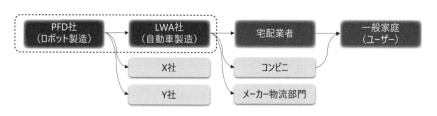

図Ⅲ-2.1　PFD 社発のビジネスエコシステム(概略)

の成果が PFD 社の業績に反映される。

　図Ⅲ-2.1に基づき例を挙げる。PFD 社の主要顧客である LWA 社の主力事業は配送車両の製造であり、その大半を宅配業者に納品している。したがって、その先のユーザーである一般家庭を想定して、PFD 社の製品を活用した個別宅配事業の UX 向上プランを LWA 社に提案することが、顧客価値創造の端緒となる。

　黒岩副社長の説明を受けて、宮原社長は視界が開けた思いを抱き、早速、黒岩副社長に LWA 社に対する UX プランの作成を指示した。

【Point：UX プランとは】

- ビジネスエコシステムのルートに基づいて、ユーザーの体験を起点として自社製品・サービスの利用価値を高める「UX プラン」を立案する。
- ビジネスエコシステムにおいて、直接取引する顧客に「UX プラン」を提案し、顧客を勝たせて、その成果を自社の成長に結実させる。

2.2　顧客価値創造事業の提案

〈2022年 7 月〉

　黒石副社長は、宮原社長に LWA 社向けの提案書(図Ⅲ-2.2)を説明した。

　提案書の詳細資料には、社会課題を裏付けるデータから予測した需要を起点として、市場において優位性を確保するための根拠として、LWA 社、PFD 社が強みとしている組織能力などを明らかにするとともに、提案を実現するためのシナリオが示されている。

　そして、プランの確度を高めるには、提案書を作成した経営企画部、マーケティング部に加えて、技術開発部、パートナー企業などの協力が必要になることから、黒石副社長のもとでプロジェクトメンバーを人選し、宮原社長が経営会議に提案する運びとなった。

> ## ラストワンマイルプロジェクト
>
> 　宅配事業を巡る社会課題（労働力不足、物流キャパオーバー他）が深刻さを増す中、当社は社会課題の解決を通してLWA社を成長させるために「配送車両から配送先に届けるまでのロボット化」の共同開発、共創事業化を提案する。
> 　これにより宅配業者のラストワンマイルのコストが低減し、かつラストワンマイルのIoT化を通してユーザーが感動するサービス（配送時刻を分単位で特定他）の提供を通してLWA社のより一層の成長に貢献する。

図Ⅲ-2.2　提案書（エグゼクティブサマリーの概略）

　同時に、企画立案から事業化までのフレームワークを関係者間で共有し、遅滞なく、効果的に推進するために、顧客価値創造活動の体系化を進めることとなった。

【Point：顧客を勝たせる提案書とは】
- 顧客向けの提案書は、顧客の意思決定者が一目で全容を理解できるように、冒頭にエグゼクティブサマリーを配備し、続いてサマリーの記載内容を裏付ける詳細資料（社会課題・需要などに関するデータ、顧客と自社が強みとする組織能力、成功シナリオなど）を織り込む。

2.3　顧客価値創造事業の体系化

〈2022年8月〉

　経営会議において、宮原社長より、既存事業の市場は縮小傾向にあることから、さらなる成長を目指すには、従来の延長線上にない新たな顧客価値創造活動への挑戦が不可欠であり、そのためのフレームワークを審議する旨の説明があった。

　続いて、CVC（<u>C</u>ustomer <u>V</u>alue <u>C</u>reation）企画プロジェクトチームのリー

ダーを務める黒石副社長から、「CVC 事業体系図」(**図Ⅲ-2.3〜Ⅲ-2.5**)について、主に(1)〜(7)の説明があり、審議の結果、全会一致で承認された。

(1)　対象：従来の延長線上にない新たな価値を提供するための活動

「CVC 事業体系図」の対象となる顧客価値創造活動は、既存製品のアップグレード、市場拡大など従来の延長線上の取組みではなく、新事業開発など従来の延長線上にない新たな価値を提供するための活動を指している。

(2)　体制：社内外の連携によるプロジェクト型の推進体制

CVC 事業はプロジェクトチームを主体として、社内外の連携が必要になることから、各プロセスの担当組織、関係性を明示している。

(3)　プロセス評価のしくみ：プロセスゲートの設置

CVC 事業の成功確率を高めるために、4 つのプロセスゲート($\alpha\sim\delta$)を設置し、次のステップへ進めてよいか否かを「しくみ」で評価する。

(4)　源流管理を促進するしくみ：フィードバックルートの設置

プロセスゲートを通過しなかった場合に、反省点を活かして源流管理を促進するためのフィードバック(FB)ルートを記載している。

(5)　スピードアップの促進：スキップルートの設置

「顧客の未来課題が見えている」、「事業性を検証し、役員の了承を得ている」など省略可能なプロセスがある場合は、スキップルートを設けてスピード感のある活動を志向する。

(6)　すり合わせ機能の配備

従来の延長線上にない新たな価値を提供するための活動は、従来の業務分掌にないことに加えて、外部組織とのコンソーシアムなどを組成するケースを想

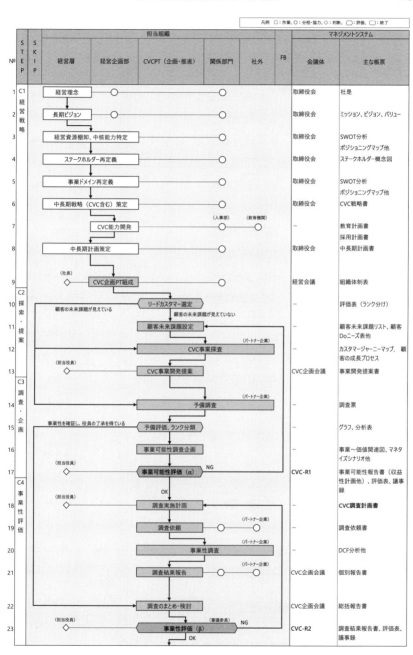

凡例 □：作業、○：分担・協力、◇：判断、▭：評価、◯：終了

図Ⅲ-2.3　CVC 事業体系図（1／3）

Ⅲ 顧客価値創造に役立つ方針管理とは

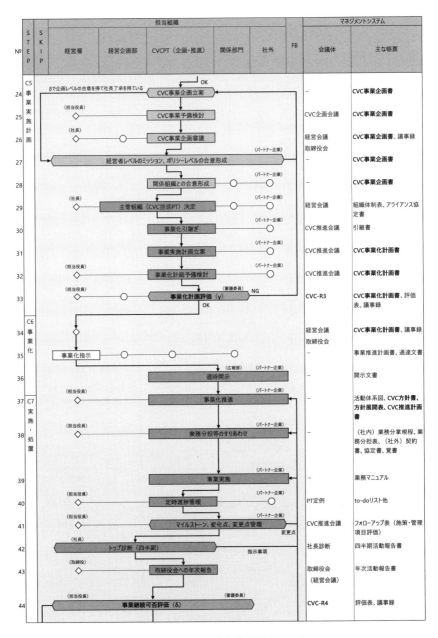

図Ⅲ-2.4　CVC 事業体系図（2／3）

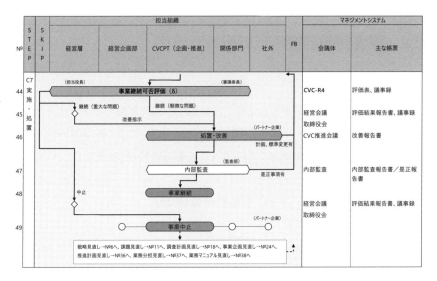

図Ⅲ-2.5　CVC事業体系図（3／3）

定して、担当者が円滑かつスピーディーに活動を進めるために、まず経営者レベルでミッション、ポリシーレベルで合意形成したうえで、関係組織間で合意形成し、業務分担などを取り決める「すり合わせ」のプロセスを配備する。

（7）　定時管理に加えて、変化点、変更点管理を実施

　CVC事業は、中長期的に推進する一方で、社会環境の変化、ライバル企業の動向などに機動力をもって対応し、変更点は機を逸することなく意思決定のうえ、関係者間で共有する必要がある。したがって、社長診断など定期的に実施するしくみに加えて、必要に応じて直ちにCVC推進会議を招集し、経営レベルの意思決定を仰げるようにする。

2.4　顧客価値創造事業戦略の文書化

〈2022年12月〉

　取締役会において、宮原社長より、中長期的な成長戦略として、従来事業の領域を超えた CVC 事業について「CVC 事業体系図」のフレームワークに基づいて推進する旨の説明があり、併せて CVC 事業戦略（図Ⅲ-2.6）について審議

CVC 事業戦略書（概略）

1．**社会課題認識（ターゲットとする社会課題）：**
　　担い手不足、e コマース市場のさらなる拡大、脱炭素化。

2．**事業概要：**
　　社会課題解決の視点から、ユーザーの利用価値向上に資する製品サービスシステムを主要顧客に提案、実装し、主要顧客の成長に貢献する。

3．**当社の強み：**
　　創業以来培ってきたロボット、モーションコントロールのエンジニアリング力を製品サービスシステムに活用する。

4．**市場規模（将来予測）、同業他社の動向：**
　　（省略）

5．**体制及びフレームワーク：**
　　CVC 企画プロジェクトチームを中心に、CVC 事業体系図に基づいて推進する。

6．**財務計画：**
　　・初期投資の総額は1,000億円として、FY2028までに回収する。
　　・FY2031の CVC 事業の営業利益目標は500億とする。
　　・CVC 事業による主要顧客との関係性向上により、既存事業の収益向上にも貢献する。

図Ⅲ-2.6　CVC 事業戦略書（概略）

された。

　審議の際には、社会課題に着目している点、サービスドミナントロジックに合致した戦略である点を高く評価された一方で、多大な投資を伴う事業であることから、次期中期経営計画に反映し、ステークホルダーへのコミットメントと説明責任を果たすとともに、経過は年次、および計画を大幅に逸脱する可能性がある場合は直ちに取締役会へ報告することを条件として、可決承認された。

【Point：CVC 事業戦略書の記載要件】

- CVC 事業戦略書には、提案書のシナリオ、データを精査の上、具体化するとともに、体制、財務計画(投資回収計画、業績目標、既存事業へのシナジー効果など)などを明記する。

2.5　中期経営計画

〈2023年 2 月〉

　取締役会において、宮原社長より、次期中期経営計画(**図Ⅲ-2.7**)について、既存事業基盤強化、新規市場拡大に加えて、顧客価値創造活動を重点方策に掲げ、既存事業と CVC 事業のシナジーにより売上拡大を図る方針について審議を諮った。そして、CVC 事業の売上目標(FY2025)は400億円、投資回収期間は FY2026-28として、黒石副社長のもとに組織横断型のプロジェクトチームで推進する旨について、取締役会の承認を得た。

【Point：中期経営計画の記載要件】

- 中期経営計画には、業績目標、業績目標を達成するための重点方策、重点方策ごとのコミットメント(目標、課題、体制など)を明記する。

図Ⅲ-2.7　FY2023-25　中期経営計画（概略）

　なお、中期経営計画の承認と時を同じくして、「ラストワンマイルプロジェクト」は、LWA 社の賛同を得てテストマーケティングを行った結果、IoT 技術を補完すれば実装可能であり、IoT 技術のリーディングカンパニーであるイージーウィズ社とのアライアンスの合意に至ったことから、β ゲート（事業性評価、図Ⅲ-2.3）を通過し、事業化計画を本格的に進める運びとなった。併せて、「ラストワンマイルプロジェクト」が失敗する可能性と次なる成長プランを視野に入れて、二の矢、三の矢の事業探査も開始した。

第**3**章 顧客価値創造に適応する方針管理

3.1 プロジェクト(PT)型方針管理

〈2023年5月〉

　PFD社では、「方針管理実施規則」に基づき、実施計画書の進捗状況などを論点として、4半期ごとに社長診断を実施しているが、CVC企画プロジェクトチーム(PT)は発足したばかりで、営業部門や生産部門と異なり、目標の達成状況が雲をつかむような状態であることから、その対応を巡って黒石副社長と沢柳TQM推進室長が頭を悩ませていた。

　そして、協議の結果、従来の方針管理を無理やり当てはめるのではなく、CVCに適した方針管理を進める方針となり、ファーストステップとして沢柳室長が日常管理/従来の方針管理/PTの方針管理を比較し、相互の違いを整理した(表Ⅲ-3.1)。

　PFD社における中期計画(FY2023-25)の重点方策❸に示されている顧客価値創造事業展開は、売上目標を3年で達成するミッションであることから、特に初年度は「売上○億円」などの具体的な目標を掲げることが難しい状況にある。また、顧客価値創造事業を実現する体制は、社内外連携のプロジェクトチームであるがゆえに、同社では、従来の方針管理と異なるスタイルとして、プロジェクト型の方針管理のフレームワークを整備することになった。

　CVC事業の管理は、原則、日常管理とPT方針管理に大別されるが、年度方針管理で整備・運用しているしくみ(例：社長診断)で相乗り可能な場合は合

表Ⅲ-3.1　日常管理/年度方針管理/PT 方針管理の対比表

Ⓐ日常管理	Ⓑ年度方針管理	ⒸPT 方針管理[注]
その機能がすでにその部門の分掌業務として規定され、日常的に遂行している業務であれば、その業務自体はとりあえず日常管理の範疇となる。	中期事業戦略の中で、日々の業務とは切り離して特別に実行しなければならない場合、それが年度単位活動として特定される場合は、年度方針管理の範疇となる。	年度単位とは関係なく、一連の特別プロジェクトとして推進させる場合はプロジェクト型方針管理となる

　注）　PT 方針管理：一般的に使用されている用語ではなく、今回発案したオリジナルの用
　　　　語

同開催により運用の効率化を図る。一方、その他の部門(特に技術開発部やマーケティング部)は、従来の年度方針管理に加えて PT 方針管理も行わなければならないため、各部門長はバランスをとって、各々の PDCA/SDCA サイクルを廻すことが求められる(**図Ⅲ-3.1**)。

【Point：PT 方針管理とは】
- 「年度管理」という固定概念を超えて、プロジェクトの進捗に応じて柔軟に管理する。

3.2　PT 方針管理の体系化

〈数日後〉

　年度方針管理と PT 方針管理のすみ分けに悩む黒石副社長、沢柳室長は、重要顧客であるとともに、「ラストワンマイルプロジェクト」を推進し、かつ TQM に精通する LWA 社の藤光社長、古倉 TQM 推進部長から、LWA 社の方針管理の推進状況について多くの示唆を得て、PFD 社にカスタマイズした「CVC 事業用 PT 方針管理ジェネラルフロー(**図Ⅲ-3.2、図Ⅲ-3.3**)」を作成した。

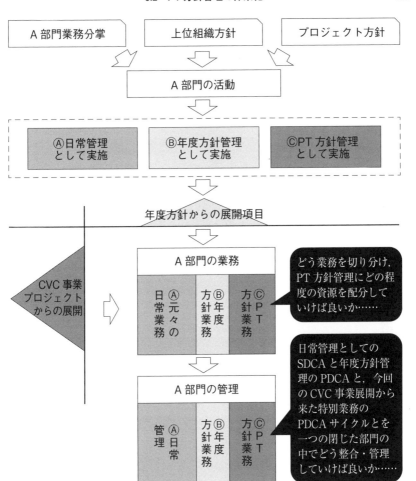

Ⅲ
顧客価値創造に役立つ方針管理とは

図Ⅲ-3.1　日常管理・年度方針管理・PT 方針管理の関係

（1）　方針設定前提プロセス

「CVC 事業体系図」の「事業性評価」(図Ⅲ-2.3)までは日常管理が主体であり、方針設定前提プロセスを抜粋し、ステップ化した。

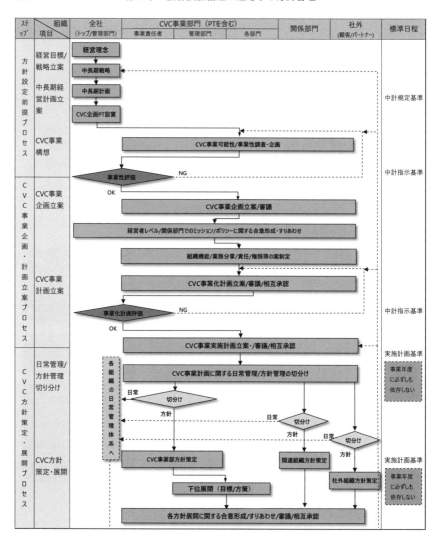

注)「主なアウトプット」、「主な帳票/標準類」の列は省略

図Ⅲ-3.2　CVC 事業用 PT 方針管理ジェネラルフロー(1/2)

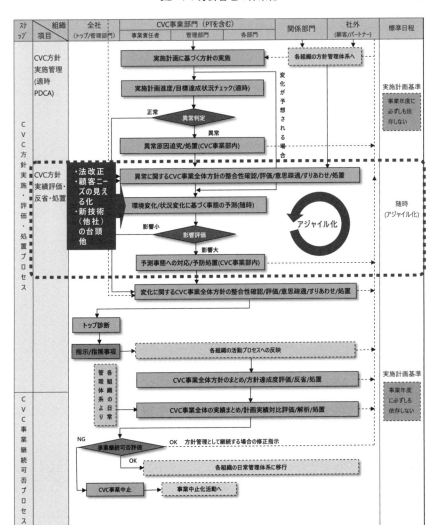

Ⅲ

顧客価値創造に役立つ方針管理とは

注）「主なアウトプット」、「主な帳票/標準類」の列は省略

図Ⅲ-3.3　CVC事業用PT方針管理ジェネラルフロー（2/2）

（2）　CVC事業企画・計画立案プロセス

「CVC事業体系図」の「事業性評価」通過後、CVC事業を企画し、計画を評価するまでのプロセス（図Ⅲ-2.4）から、方針管理プロセスを抜粋した。この段階で、懸案事項となっている組織間の「合意形成」、「すり合わせ」のプロセスを強調している。

（3）　CVC方針策定・展開プロセス

方針管理と日常管理の区分けプロセス（図Ⅰ-2.9、p.45）を強調している。方針管理と日常管理の区分け基準は**図Ⅲ-3.4**のとおりとする。

（4）　CVC方針実施・評価・処置プロセス

法改正、顧客ニーズの見える化、新技術（他社）の台頭など、環境変化/状況変化に伴う事態の予測〜適時対応、アジャイル化が求められるため、年次、月次管理から脱却したプロセスを強調している。

（5）　CVC事業継続可否評価プロセス

評価・処置〜事業継続可否プロセスでは、日常管理も含めて評価、反省、処置を行う。そして、事業が軌道に乗った段階で日常管理体系に移行するとともに、特別な管理を要する場合は年度方針管理体系により活動する。

方針管理と日常管理の区分け基準

既存プロセスを行うことでは達成できない項目の中から重点課題として取り上げる事業計画
→Yes：方針管理、No：日常管理

図Ⅲ-3.4　方針管理と日常管理の区分け基準

〈2023年6月〉

　CVC 事業用 PT 方針管理ジェネラルフローの制定に伴い、PFD 社内では、PT 方針管理を運用する体制が整った。一方、パートナー企業のうち LWA 社は、同様のフレームワークで運用していることから連携に支障は生じないものの、イージーウィズ社とのインターフェースについて調整を進める必要が生じた。

　イージーウィズ社の安供社長と協議の結果、イージーウィズ社は方針管理体系を確立するまでには至っていないものの、方針・目標を設定のうえ、フォローアップを実施していることから、連携が必要なステップを共有するとともに、連携の具体的な手順について申し合わせを進めた。

　そして、PFD 社では、組織横断型で連携すべき事項(マイルストーン・変化点・変更点管理など)と業績管理、各社固有の意思決定など社内で管理すべき事項を切り分けて管理するために、「PT 方針管理運用マニュアル」を制定し、管理手順を明文化のうえ、社内関係者に周知した。

【Point：PT 方針管理を運用する際の留意点】

- PT 方針管理を推進する場合、年度方針管理、日常管理との住み分けを明示するとともに、PT 方針管理のプロセスをフロー、マニュアルなどにより明文化する。
- PT 方針管理において、社外との連携を進める際には、パートナー企業とインターフェースに関する申し合わせを行い、マイルストーン・変化点・変更点管理などを協働で進める。

III

顧客価値創造に役立つ方針管理とは

第4章 CVC事業の評価要素と管理項目

4.1 見えない課題に対する方針管理

〈2023年7月〉

　PFD 社では、社長診断を終えて、CVC 事業に係る経営幹部の理解が進み、プロジェクトチームを後押しする機運が高まった一方で、CVC 推進 PT では、営業部や生産部のように目標の達成状況(売上高、利益、品質不具合件数、納期遵守率など)を明確に示せなかった点が残された反省材料となった。すなわち、「見えない課題に対する方針管理」が、未だ解決できていない課題であり、特に、CVC の活動初期段階でその傾向が強いことから、活動の上流段階においても PDCA サイクルを機能させるヒントを得るために、黒石副社長、沢柳室長は、再び LWA 社を訪ねた。

　PFD 社の問いに対する LWA 社の藤光社長、古倉部長の答えは、「品質機能展開の応用」であった。

　品質機能展開は、「製品・サービスに対する顧客・社会のニーズを細かく分類することで階層的に整理するとともに、それを実現する手段に順次変換していくことで、(中略)プロセスの特性・管理基準などを明確化していく方法論」[1]である。そして、品質機能展開で重要な役割を担う「品質表」は、「製品・サービスに対する顧客・社会のニーズとその実現にかかわる品質特性との対応を表した二元表」[1]で構成されている(図Ⅲ-4.1)。この方法論の応用によって、見えない課題が次第に見えてくる旨のアドバイスがあった。

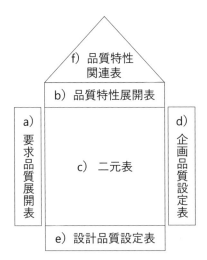

出 典）　JIS Q 9025：2003「マネジメ
　　　　ントシステムのパフォーマンス
　　　　改善−品質機能展開の指針」、p.7、
　　　　図 1

図Ⅲ-4.1　品質表の構成図[2]

　「品質機能展開の応用」とは、最初から「管理項目」を設定するという既成
概念を打破して、品質機能展開の考え方をもとに、まずは要求品質から特性レ
ベルの「評価要素」を導き出し、顧客価値創造事業体系のプロセスを進むに
従って具体化することを意味している。つまり、活動当初は抽象的な評価要素
であっても、顧客や社会の要求品質から導き出されたものであることを起点と
して、評価を繰り返しながら具体化を進め、最終的に管理項目に落とし込むこ
とによって、達成度、管理水準はずれなどを評価できるようになる。

　黒石副社長，沢柳室長は PFD 社に戻り、品質機能展開の PT 方針管理への
応用について検討を重ねた。

【Point：PT方針管理の評価とは】
- CVC事業におけるPT方針管理の上流段階は、管理項目・管理水準を設定できる状況に至っていないことから、品質機能展開の考え方のもとに、顧客や社会の要求品質から評価要素を導き出すとともに、プロセスを経るに従って評価要素を具体化し、最終的に管理項目・管理水準へ落とし込むことによって、プロセス全体の評価に一貫性を持たせる。

4.2　2軸経営に基づく価値展開

〈その後〉

　PFD社は、LWA社の協力を得て、**第Ⅲ部4.1節**でポイントの一つに挙げた「評価要素」の抽出方法について検討を進めた。その際に、古倉部長から、ラストワンマイルプロジェクトの主目的は顧客価値創造であるが、社会課題からユーザーや顧客の未解決の課題を導き出していることから、「2軸経営（**図Ⅲ-4.2**）」の概念を活かすべきとの意見が寄せられた。

　2軸経営の要諦は、社会的価値とお客様価値のベクトルの相乗効果である。従って、機能展開における「要求品質」の軸には、社会的価値からお客様価値に展開し、その相乗効果として得られる企業価値を据えることとなった。

【Point】
- PT方針管理における評価要素は、社会価値と顧客価値に加えて、両者の相乗効果として生み出される企業価値を挙げる。

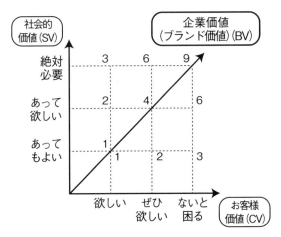

出典）　佐々木眞一：「これからの品質経営の在り方の提
　　　　案」、第116回品質管理シンポジウム講演資料、日本
　　　　科学技術連盟、2023年

図Ⅲ-4.2　2 軸経営の概念図[3]

4.3　評価要素の管理項目化

〈数日後〉

　沢柳室長は、品質機能展開と 2 軸経営の概念を活かして、PT 方針管理の上
下流を管理するツールを考案した（**図Ⅲ-4.3**）。縦軸は、社会価値を起点として、
ビジネスエコシステムに沿って顧客を始めとする利害関係者の価値を展開し、
社会価値と顧客価値の相乗効果として自社の企業価値を生み出す構造にしてい
る。一方、横軸は、CVC 事業体系の「計画」、「評価」に該当するプロセスを
据えて、プロセスを経過するに従って評価要素を管理項目に展開できるように
している。

　「ラストワンマイルプロジェクト」は、2023年 6 月の段階で β ゲート（事業
性評価）を通過しているが、同月に開催する社長診断では β ゲートの評価結果

評価要素：抽象度高	KGI設定	評価要素具体化：予想レベル	具体化した評価要素の予測値	←の検証	β結果をもとにした予測値	←の検証	方針管理として扱う管理項目をKPIに設定	KPI達成率、今後の期待増分、管理水準外れ他

（顧客価値実現のための）利害関係者価値	価値の要素	CVC戦略	中期経営計画	【α】事業可能性	調査計画	【β】事業性	事業企画	【γ】事業化計画	推進計画	【δ】事業継続可否
社会価値	社会課題	地域・世代別マクロデータ中心	SDGs（目指す姿、ゴール）	市場動向環境変化説明変数	市場動向他予測値		リスクに応じてパターン化 層別（顧客別他）		年度別KPI	
	市場・社会変化									
	法規制									
	社会評価									
	その他									
お客様価値 発注者価値（自動車メーカー）	付加価値	価値顕在化(メリット/デメリット)		（利用価値向上〜シェアの拡大性〜売上目標設定根拠）	発注者の顧客価値(物流コスト他)	－の検証	発注者の顧客価値(リスクに応じてパターン化)	－の検証	発注者の顧客価値(顧客・年度別他)	KPIなどの検証によりKGIの達成率を評価 活動の振り返り
	その他									
発注者の顧客価値（宅配業者）	付加価値									
	その他									
ユーザー価値（一般家庭）	付加価値				ユーザー需要、満足度他		ユーザー需要、満足度他（リスク別）		ユーザー需要、満足度他（年度別）	
	その他									
パートナー価値（サプライヤー、ITベンダー他）	付加価値	価値顕在化 要素技術の顕在化			売上・利益、要求事項対応力他		売上・利益（リスク別）、要求事項対応力他		売上・利益（年度別）、要求事項対応力他	
	組織能力（技術他）									
	その他									
自社の企業価値	企業理念、戦略	社会存在意義 企業理念								
	市場シェア									
	組織能力（技術他）			エンゲージメント向上性 市場シェア他			社員満足度、新市場拡大率、技術優位性他		社員満足度、新市場拡大率、技術優位性他（マイルストーン）	
	財務価値		売上目標他	売上高、利益他	正味現在価値他		年度別新事業生産性他		付加価値、予算他	
	その他									

図Ⅲ-4.3　管理項目設定マトリックス図

Ⅲ　顧客価値創造に役立つ方針管理とは

（顧客価値実現のための）利害関係者価値		価値の要素	CVC戦略 —	中期経営計画 —	—【α】事業可能性	調査計画 —
社会的価値		社会課題	・SDGS	・SDGs（目指す姿、ゴール）	・地球温暖化防止	・顧客別CO2削減量
		市場・社会変化	・宅配市場動向（地域別、世代別他） ・キラー変数（eコマース市場、生産年齢人口他）	－	・市場動向、環境変化を裏付けする説明変数（DX政策、物流業求人倍率他）	・市場動向
		法規制	－	－	・関連法規、障害法規、関係省庁との調整	←
		社会評価	－	－	・アンケート調査結果 ・メディア掲載情報分析	－
お客様価値	発注者価値（toB）LWA社他	付加価値	・価値顕在化（メリット／デメリット） ・発注者の売上・利益目標	（利用価値向上〜シェアの拡大性〜売上目標設定根拠）	・の検証（価値向上、シェア拡大の可能性他）	・発注者の売上、利益、満足度
	発注者の顧客価値（toBtoB）宅配業者他	付加価値	・価値顕在化（メリット／デメリット）		←の検証（物流コスト他）	・発注者の顧客価値（物流費削減量他）
	ユーザー価値（toBtoBtoC）一般家庭他	付加価値	・価値顕在化（メリット／デメリット）		←の検証（時間制約の解放他）	・ユーザー需要、満足度、歓喜度
パートナー価値		付加価値	・価値顕在化（メリット／デメリット）		←の検証（価値向上度、シェア拡大の可能性他）	・パートナーの売上、利益
		組織能力（技術他）	・要素技術の顕在化		←の検証（保有技術の優位性、技術開発力他）	・発注コスト、要求事項への対応力
自社の企業価値		企業理念、戦略	・社会存在意義 ・企業理念浸透度、企業理念・戦略との整合性		←の検証（理念・戦略との適合性他）	・エンゲージメント向上性 ・非財務シナジー効果
		市場シェア	・市場シェア（自社の強み）		←の検証（新市場拡大性：パートナーとの連携、新技術開発実現等を想定）	・新市場拡大率、市場シェア
		組織能力（技術他）	・要素技術の顕在化（特許取得状況、見込み他） ・必要人員（社内）充足状況		←の検証（保有技術の優位性、新技術実現性、人員充足状況他）	・技術優位性（競合他社比較）、新技術開発マイルストーン ・体制充足度（人員、生産数、生産地、設備他）
		財務価値	・株価	・売上高（目標） ・投資上限額、ROE	・ROIC ・売上高、利益額、利益率（X年後） ・設備投資額	・正味現在価値（事業開発費用対効果）、損益分岐点、投資回収年数

図Ⅲ-4.4　ラストワンマイルプロジェクトの

－	事業企画	－	推進計画	－
【β】事業性	－	【γ】事業化計画	－	【δ】事業継続可否
←の検証	・顧客別CO_2削減量	←の検証	・顧客別CO_2削減量	・KPI達成率他
←の検証	・市場動向（リスクに応じて数パターン設定）	←の検証	・市場、説明変数（年度毎）	←の検証 ・変化点確認（ゲームチェンジャー他）
・調査結果確認	－	－	－	・法規制動向確認
－	－	－	・メディア掲載数	・広告換算効果
←の検証	・発注者の売上、利益、満足度（リスクに応じて数パターン設定）	←の検証	・発注者の売上・利益（年度別）、満足度	←の検証
←の検証	・発注者の顧客価値（リスクに応じて数パターン設定）	←の検証	・発注者の顧客価値（顧客別他）	←の検証
←の検証	・ユーザー需要、満足度、歓喜度（リスクに応じて数パターン設定）	←の検証	・ユーザー需要（年度別）、満足度・歓喜度	←の検証
←の検証	・パートナーの売上、利益（リスクに応じて数パターン設定）	←の検証	・パートナーの売上、利益（年度別）	←の検証
←の検証	・発注コスト、要求事項への対応力	←の検証	・発注コスト、要求事項への対応力	←の検証 ・パートナー会社のクライシス情報確認 ・パートナーとのさらなるコラボレーションの可能性
←の検証	・社員満足度、非財務シナジー効果	←の検証	・社員満足度、非財務シナジー効果	←の検証
←の検証	・新市場拡大率、市場シェア（リスクに応じて数パターン設定）	←の検証	・市場シェア（年度別）	←の検証 ・競合企業の台頭状況
←の検証	・技術優位性、新技術開発マイルストーン ・体制充足度	←の検証	・技術優位性、新技術開発マイルストーン ・組織体制 ・オペレーション管理（商品需要、販売・仕入・在庫・倉庫、予実算他）	←の検証 ・競合他社の技術、代替技術の台頭状況、知財権、コスト他
←の検証	・年度別新事業生産性（売上・利益額・利益率／投資） ・他事業収益増分（期待値）	←の検証	・付加価値（利益＋資産）額・率（年度別） ・キャッシュフロー、負債額 ・予算（経営資源管理） ・管理水準（投資回収、損益分岐、活動進捗度他） ・他事業収益増分（年度別）	←の検証

管理項目設定マトリックス図

を報告するのではなく、β ゲートの評価結果をもとに、将来の管理項目、管理水準の設定を想定して、現段階で評価すべき項目を導き出す。つまり、現在評価すべき項目は、過去の評価要素から未来の管理項目への過程を結び付け、連続性をもたせることによって具体化を促進するとともに、現段階の最適解を導き出すことに他ならない。例えば、生産年齢人口の推移、温室効果ガス規制のレベルなど、リスクに応じていくつかのシナリオを用意して、シナリオ別に評価要素の想定水準を試算のうえ、実現性が高いシナリオを特定し、社長診断において評価を得る。

　早速、黒石副社長は、沢柳室長が提案した「管理項目設定マトリックス図」のラストワンマイルプロジェクト版を作成した（図Ⅲ-4.4）。

【Point：管理項目設定マトリックス図のメリットと活用方法】

- 活動当初は評価要素に留まり、管理項目の設定に至らないものの、未来の管理項目化を見据えて管理項目設定までの道筋を示すことによって、評価要素の妥当性を確保することができる。
- 評価要素の進捗管理に加えて、今後管理すべき項目を想定できる。
- 推進計画の段階で管理項目を設定するが、そのうち方針管理で管理するべき項目を KPI（Key Performance Indicator）として位置付ける。その他の項目は日常管理でモニタリングを進め、異常が発生した場合は是正する。
- 中期経営計画などで設定した KGI（Key Goal Indicator）は、KGI の指標そのものに加えて、KPI などを検証することによって、達成状況を多角的に評価することができる。
- 最終的には、事業継続可否・撤退などの評価基準に落とし込む。

第**5**章　研究活動のまとめ

5.1　「ラストワンマイルプロジェクト」のその後

〈2023年9月〉

　「ラストワンマイルプロジェクト」は、事業化評価（γ ゲート）を通過し、事業実施計画書（表Ⅲ-5.1）に基づいて、CVC 推進プロジェクトチームを中心に、関係部門、パートナー企業（イージーウィズ社）との連携体制により推進する運びとなった。

　事業実施計画書に記載している2025年度の管理水準には、マイルストーンを設定し、進捗を管理している。また、重点課題は、主担当組織の実施計画にブレークダウンし、日常管理項目を含めて管理水準外れが発生した場合は、直ちに分析の上、CVC 推進会議を招集して迅速に対応している。

　事業構造が成熟している既存事業は、多くの権限を主管部門へ移譲しているが、CVC 事業は、競合企業、技術開発などの動向に伴い経営判断を仰ぐケースが多くなるため、タイムリーな対応を心がけている。

【Point：事業実施計画書の記載要件】
- 評価要素、KGI を実現するための重点課題、KPI、管理水準、主担当組織を明記する。

- 各組織は、事業実施計画書のうち、自組織が担当する重点課題を達成するために、自組織の実施計画書を策定し、方策を打ち出すとともに、KPIの達成状況などを管理する。

表Ⅲ-5.1 ラストワンマイルプロジェクトの事業実施計画書（主要項目のみ抜粋）

No.	重点課題	主担当	KPI	目標値 （管理水準）
1	〈社会価値向上〉 自動搬送ロボット搭載車（いくぞう君）の普及により、ラストワンマイルの無人化を促進する	CVC推進PT、技術開発部他	導入エリアの無人化率	FY2025 50% （−5%）
2	〈社会価値向上〉 ラストワンマイルの脱炭素化を促進し、地球温暖化防止に貢献する	CVC推進PT、技術開発部他	導入エリアの再エネ化	FY2025 100% （−10%）
3	〈ユーザー価値向上〉 いくぞう君の利用率向上により、ユーザー満足に貢献する	CVC推進PT	導入エリアの利用率	FY2025 30% （−5%）
4	〈LWA社の価値向上〉 いくぞう君の普及により、宅配用車両のシェアを拡大する	CVC推進PT	宅配車両の占有率	FY2025 10%UP （−5%）
5	〈イージーウィズ社の価値向上〉 自動搬送IoTシステム、自動搬送ロボットに係るクレーム対応の早期化により、いくぞう君の利用率向上に貢献する	CVC推進PT、イージーウィズ社	クレーム対応着手時間 クレーム解決率	30分以内 （−30分） 100% （−0%）
6	〈PHD社の価値向上〉 自動搬送ロボットの売上拡大により、宅配車両におけるLWA社のシェア拡大に貢献する	CVC推進PT	投資回収率	＊＊% （−5%）

〈2023年11月〉

　CVC推進会議において、黒石副社長から、DX特区に指定されているZ市において、「いくぞう君」(自動搬送ロボット搭載車)の実証実験を開始したものの、時を同じくしてビレッジリバー社がドローンを活用した自動配送システム「スカイちゃん」の実証実験を進めていることから、いくぞう君の利用率が管理水準を外れている旨の報告がなされた。

　その後、対応策を協議した結果、ビレッジリバー社を競合ではなく、ビジネスエコシステムの一翼を担うパートナーと捉え、「いくぞう君」と「スカイちゃん」の連携システムを構築し、双方の得意分野を活かして役割分担することで、いくぞう君の稼働率とオペレーション品質が向上し、ユーザー満足度に貢献できるという問題解決の糸口が示された。

　早速、LWA社、ビレッジリバー社などへのアプローチを進め、「いくぞう君」と「スカイちゃん」をセットメニュー化したところ、無人化率、利用率などが飛躍的に向上した。

〈2025年12月〉

　「ラストワンマイルプロジェクト」は、Z市の実証実験が成功に終わり、複数の特区において採用が決定し、2025年度の売上高目標400億円を達成見込みとなったことから、事業継続可否評価(δゲート)を経て、2026年度からの事業部化が決定した。

　そして、ラストワンマイル事業の方針管理は、来期から他の事業と同様に年度方針管理へ移行する運びとなった。

　さらに、黒石副社長は、次なるCVCプロジェクトとして、月面鉱山プロジェクト構想の提案に向けての準備を進め、PFD社の顧客価値創造への飽くなき挑戦は、新たなステージを迎えようとしている(**図Ⅲ-5.1**)。

月面鉱山プロジェクト

当社の重要顧客のSストリーム社は鉱山開発を手掛ける商社を大口顧客としている。2025年11月、世界的な資源価格の急騰を背景に、USO共和国のポーカー大統領が月面資源開発構想を公表した。PFD社は、この機に応じて重要顧客のSストリーム社を勝たせるために、「月面鉱山開発用全自動建機」の共同開発、共創事業化を提案する。これにより、Sストリーム社は月面鉱山を想定した実験事業の受注を勝ち取り、同事業のリーディングカンパニーの軸足を揺ぎなくする。そして、マシンコントロールなど基幹製品を提供するPFD社は、Sストリーム社のより一層の成長に貢献する。

図Ⅲ-5.1　提案書（エグゼクティブサマリーの概略）

5.2　顧客価値創造活動を展開するうえで必要な方針管理のポイント

　PFD社の顧客価値創造（CVC：Customer Value Creation）事例をもとに、CVC活動を展開する上で必要なポイントを表Ⅲ-5.2に示す。なお、表Ⅲ-5.2の「解説」には、各ポイントについて解説しているページを記載している。

5.3　従来の方針管理とCVC方針管理の違い

　続いて、従来の方針管理とCVC事業に適した方針管理（以下、CVC方針管理）の違いを表Ⅲ-5.3に基づいて解説する。

（1）　対象範囲
　従来の方針管理の対象組織・人は、ほぼ社内に限定されるが、CVC方針管理では、ビジネスエコシステムを想定して、事業構想から実装計画に係る社内外のすべての組織・人を対象としている。

表Ⅲ-5.2　CVC 活動を展開するうえで必要な方針管理のポイント

No.	ポイント	解説ページ
①	社内外連携による「PT（プロジェクト型）方針管理」のしくみを整備する	151〜157
②	日常管理、年度方針管理と同時並行で進めるための組織間（関連部門、パートナー）の「すり合わせ」機能を配備する	144、156
③	4つのプロセスゲートを節目としてフィードバックルートを設置し、PDCA サイクルを回す（失敗を活かして源流管理を促進する）	144
④	スキップルートの設置によりスピードアップを図る	144
⑤	年次、月次にこだわらない中長期の視野で機動力のある管理を要する	151〜157
⑥	環境変化/状況変化に基づく事態の予測と、その影響評価、処置を随時行うアジャイル管理を要する	156
⑦	潜在課題を見える化するに従って評価要素を具体化し、管理項目に落とし込む機能展開的な思考を要する	159〜161
⑧	管理水準、撤退基準を明確にして、損失を最小限に留めつつ、二軸経営の概念に沿って、自社の財務価値だけでない、社会価値、顧客価値を反映する	161〜165

Ⅲ

顧客価値創造に役立つ方針管理とは

（2）　責任と権限の範囲

　従来の方針管理では、組織内の決裁権限、業務分掌などで定められているが、CVC 方針管理において対象が社外に及ぶ場合は、アライアンス協定書、契約書などにより取り決める。

（3）　活動対象期間（PDCA サイクル）

　従来の方針管理は、年次方針、業績目標を系統展開し、フォローアップすることから、年度単位を基本としているが、CVC 方針管理は実装計画に準拠し、対象期間が中長期に及ぶことから、特に活動当初は年度の縛りがない点を特徴としている。

表Ⅲ-5.3　従来の方針管理と CVC 方針管理の対比表

No.	項目	従来の年度方針管理	CVC 事業用 PT 方針管理
①	対象範囲 （展開スコープ）	ほぼ、現在の組織図に登場する組織/人に限定	事業構想/実装計画に登場するすべての**組織/人**
②	責任/権限の範囲	ほぼ、現在の組織機能/業務分掌に準拠	責任/権限が及ばない組織に対しては**契約**などで**取り決める**
③	活動対象期間 （PDCA サイクル）	財務会計制度に準拠、年度単位が基本	実装計画に準拠し、**年度単位の縛りは特にない**
④	目標系 （結果系管理項目）	方針設定段階でほぼ確定	活動の進捗度に応じて**徐々に具体化していく**
⑤	方策系 （実施計画）	方針設定段階でほぼ確定	活動の進捗度/変化に柔軟に対応（**アジャイル型**）
⑥	チェックの頻度	ほぼ、財務会計サイクルに準拠、月次チェックが基本	実装計画/活動進捗度に応じ迅速にチェック（**スピード重視**）
⑦	意思疎通/すり合わせ （特に D/C 段階）	組織内の縦系列が主体	責任/権限が及ばない組織と**連携を図る場の強化**

（4）　目標系（結果管理項目）

　従来の方針管理は、方針策定段階でほぼ確定するが、CVC 方針管理では、「管理項目設定マトリックス図」（図Ⅲ-4.3、**p.163**）に示すように、活動の進捗に応じて徐々に具体化する。

（5）　方策系（実施計画）

　従来の方針管理は、方針策定段階でほぼ確定するが、CVC 方針管理では、活動の進捗、変化に対して柔軟かつ迅速に対応するアジャイル型の管理が求められる。

（6） チェックの頻度

　従来の方針管理は、業績系の管理項目を設定するケースが多いことから、おおむね財務会計サイクルに準拠し、月次チェックを基本としているが、CVC方針管理では、実装計画、活動進捗度に応じて適時チェックするスピード重視の対応が求められる。

（7） 意思疎通とすり合わせ（PDCA サイクルの特に DC の段階）

　従来の方針管理は、組織内の縦系列の指示・報告系統で意思疎通とすり合わせを進めるが、CVC方針管理では、責任・権限が及ばない組織との連携を図る必要があるため、すり合わせ機能を強化することが、コミュニケーション力の向上と意思決定のスピードアップに寄与する。

5.4　研究活動を総括して

　「表Ⅲ-5.2・表Ⅲ-5.3は、自社の方針管理において従前から実施しているため、取り立てて新たに提唱するまでには至らないのではないか」と思う方から意見が寄せられることを想定している。そして、表Ⅲ-5.2・表Ⅲ-5.3の要素は、従来から方針管理の概念に組み込まれているがゆえに、大なり小なり取り組んでいる企業も多いと考えられる。しかし、方針管理の概念が誕生してから半世紀が経過し、方針管理の方法論が成熟化、固定化しつつある中で、既存事業に馴染むように磨き上げた方針管理のしくみをCVCなど新規開拓系の活動にそのまま当てはめた結果、実効性が得られず、形骸化を招いたケースが多数見受けられたことから、CVCリサーチチームは、方針管理をより一層経営に貢献するしくみへ昇華させるために、目的に応じて柔軟性をもたせる観点で、CVC活動に適応した方針管理の類型化を進めた。したがって、新たな概念を提唱するというより、CVCにカスタマイズした方法論を強調するアプローチで本書の上梓に至った点についてご理解をいただき、皆様の職場におけるCVC活動、さらには現状を打破して新たな局面を切り拓く革新的な活動を展開する際に役

立てていただくことを期待している。

　最後に、多くの示唆を与えていただいた方針管理研究会企画委員の皆様、同研究会 WG-1、WG-3 の皆様、ならびに、運営面を支えていただいた同研究会事務局の皆様に心より感謝を申し上げ、第Ⅲ部のまとめとしたい。

第Ⅲ部の引用・参考文献

［1］　日本品質管理学会標準委員会編：『日本の品質を論ずるための品質管理用語 Part 2』、日本規格協会、p.103、p.106、2011年
［2］　JIS Q 9025：2003「マネジメントシステムのパフォーマンス改善－品質機能展開の指針」、p.7、図 1
［3］　佐々木眞一：「これからの品質経営の在り方の提案」、第116回品質管理シンポジウム講演資料、日本科学技術連盟、2023年

おわりに

1．方針管理が抱える今日的課題と今後進むべき方向性

　1960年代に誕生した方針管理は、多くの企業での実践と産学による研究を経てざっと60年近い進化を今日まで続けてきました。その結果、方針管理というTQM活動要素の考え方とその体系は日本のTQMにおける特徴の大きな柱として確立され、今では海外からも高く評価されるものとなっています。

　しかし現時点で、多くの組織で実践されている実態としての方針管理は、依然として多くの問題点/課題を抱えているというのも紛れもない事実であり、本書のベースとなった方針管理研究会の設立も、こういった問題意識や課題設定の認識が、その背景にあったことは明白です。

　それらの問題/課題がどのようなものかについては、すでに本書の中で語られているので、ここでは省略しますが、当然、これらの問題/課題の中には、1960年代当初から現在まで慢性的にずっと続いている本質的なものもあれば、昨今の外的/内的環境変化の中にあって新たに顕在化してきたものもあります。

　とはいえ、様々な問題/課題を抱えているということ自体、方針管理の進化/発展といった観点からいえば、むしろ健全な姿であると考えています。なぜなら、「今の方針管理はすでに完璧な状態にあり問題/課題などは存在しない」と思った瞬間に陳腐化は始まり、アッという間に過去の遺物と化してしまうからです。私たちが拠り所とするTQMの基本が教えてくれている一つのテーゼに「継続的改善」、すなわち「PDCAを回し続けていく」ということがあります。この価値観に立てば、方針管理にも終わりはなく、常に、問題意識や課題設定認識のもと、改善を永遠に続けていくことが求められると考えるべきでしょう。

2．方針管理研究会の創設/活動の意義

　このような方針管理に関する問題意識や課題設定認識を背景として、今回の方針管理研究会も創設され、3つのテーマを各 WG にて検討し、その活動成果として本書の発刊という具体的アウトプットにもつながったわけで、その意味では、本研究会の社会的意義は高かったものと自負しています。

　中でも、日科技連を中心に、最近、注目を浴びつつある顧客価値創造や品質経営の活動は、従来、ビジネスの中で捉えていたお客様のスコープをどこまで拡げ、どう定義し直していくか、そのうえで、お客様にとっての価値とは何か、その価値を新たに創造するとはどういう活動なのか、それは今までのモノづくりの延長線上なのか、それともまったく別次元の話なのか、さらには、こういった顧客価値創造の構想・実装活動を実現するためにはどのような組織としての能力が必要で、その能力はどうやって獲得していくのか、その中で、このような活動を支えるツールとしての TQM はどうあるべきなのか、その中でも特に、中核的位置付けにある方針管理はどのような役割を負うべきなのか、など、改めて再考するよい機会になっているということです。

3．方針管理の推進におけるいくつかのキーポイント

　最後に、組織に方針管理を導入/推進していくに当たって、留意してほしいいくつかのキーポイントについて、以下、簡単に列挙しておきますので、参考にしていただければ幸いです。

KP-① 目的の明確化がすべての出発点

　方針管理は基本的に経営管理の一つのツール（手段）に過ぎない、という視点が大切です。手段であるということは、そこには必ず目的が先にあるということなので、まずはその基本目的を最初に議論し、組織として何を目指して方針管理を実施するのかということを共通の価値観にしておくことが大切です。

　私たちは方針管理で一体何がしたいのか、当然、方針管理で事業計画を達成

したいとか方針管理で経営課題を達成したいということが最初に思い浮かぶ目的かもしれません。しかし、場合によっては、方針管理で組織能力を高めたいとか、方針管理で人財を育成したいとか、方針管理でお客様の価値向上に貢献したい、など、その目的はたぶん組織によっていろいろ変わっていくでしょう。当然、目的が変われば方針管理の形も変わっていくはずなので、あまり画一的に捉えず、まずは、その導入目的を明確化することから出発しましょう。何より大切なのは「**目的指向と創造/工夫**」だという視点を忘れないようにしたいものです。

KP－②　全部門/全員参加の方針管理へ

　組織が打ち出したトップの方針に対して、役員/社員を含めた全部門/全員がコミットして初めて方針管理は機能するということを理解しておく必要があります。一般に、組織活動に対する人の関わり方は、無関心から始まって、参加⇒参画⇒賛同/心酔(コミット)へと昇華していきます。無関心から参加までのレベルは、訓練・教育などで何とかなりますが、参画・賛同に至るには、納得と共感、すなわち心からの共鳴(コミット)が欠かせません。しかし、人々の価値観や能力は千差万別なので、心からの共鳴を獲得するためには、一人ひとりと真摯に向き合い、各々の個性/能力/価値観に寄り添いつつ、時を惜しまず、地道に醸成していくプロセスが必要となることを肝に銘じておきましょう。そして、その有効な手段の一つが方針の「**すり合わせプロセスにある**」ということを常に意識して取り組みたいものです。

KP－③　期末の反省で方針管理の腕を上げる

　方針管理自体の改善という視点に立ったとき、方針管理の大きな PDCA のうちで何が最も大切かというと、それは C と A、すなわち評価/反省とそれに基づく処置というプロセスです。この場合、何を評価し何を反省するかですが、一言でいえば、それは「方針管理の進め方」となります。つまり、方針(目標と重点方策)の立て方、展開の仕方、すり合わせの仕方、実施の仕方、期中で

のチェックの仕方/処置の取り方、方針管理のしくみ、組織/人の能力レベルなどがその代表例でしょう。このような評価/反省ができるようになると、方針管理の進め方が改善し、「**方針管理業務のプロセス改善**」が進み、結果として、方針管理の腕が上がっていきます。

KP−④　腕を上げていくにはステップを踏もう

　方針管理の腕を上げていく場合、そういうことができる組織としての能力が必要で、全部門/全員がその能力を獲得/向上/充実させていくプロセスが欠かせません。そのためには、点⇒線⇒面⇒立体へと能力を高めていくステップを順番にクリアしていくことが有効となります。

　まず点のレベル(個々の問題/課題に対して個別に対応する活動)、すなわち各職場で発生する個々の問題/課題を発生の都度、個別に解決/達成していく能力を獲得するプロセスで、これはいわゆる「**日常管理レベル−1**」に相当します。

　次に、線のレベル(似たような問題/課題を1つにまとめて対応する活動)、すなわち各職場内で関連のあるいくつかの問題/課題を1つにまとめて解決/達成していく能力を獲得するプロセスで、これは「**日常管理レベル−2**」となります。

　次は、面のレベル(問題/課題のパターンを整理/関連付けて対応する活動)、すなわち職場間で発生/認識した問題/課題を集約/整理し、重点を明確にしたうえで組織を挙げて解決/達成していく能力を獲得するプロセスです。線レベルまでの活動はそれぞれの職場内で対応可能ですが、このレベルになると、部門間で協力し合わないと対応できない世界となってくるので、ここからが方針管理の出番となり、これが「**方針管理レベル−1**」となります。

　最後は、立体のレベル(全社的な問題/課題を体系的に整理して対応)、すなわち　組織全体で発生/認識した問題/課題を体系的に整理し、組織全体の問題/課題として捉え、トップのリーダーシップのもと、全組織を挙げてクリアしていく能力を獲得するプロセスで、ここが最終的に、私たちが目指している「**方**

針管理レベル－2」の世界ということになります。

　このように、組織/人の能力というのは一朝一夕に確立するものではなく、ある程度、「**時間を掛けて徐々に獲得していくもの**」だということを忘れないようにしたいものです。

KP－⑤　大樹モデル（見えない世界に目を向けよう）

　大きな組織（システム）は一見頑丈そうに見えても、それを支える根っこ（インフラ/組織文化）がしっかりしていないと、大きな外的環境変化があると、それに耐えきれず、根元からポッキリ折れてしまうかもしれません。実は、TQMという管理技術の体系は、こういった外からは見えない根っこの部分に目を向け、それをより広く、太く、深くなるよう構築していくねらいをもっており、当然、その活動要素の一つである方針管理も、このような見えない世界、すなわち組織基盤としての「**インフラストラクチュアや組織としての文化を確立/充実させていく重要なツールの一つ**」なのだという視点をもつことが大切です。

KP－⑥　雑草モデル（放置すればすぐ元に戻る）

　よく整備された農地であっても、時間の経過とともに、1本の雑草が生え、これを放置すれば、雑草は徐々に増え続け、やがて元の荒れ地に戻ってしまう、というのは自然がもつ摂理というか真理です。組織活動として行う方針管理も実はこれとまったく同じで、せっかく苦労して整備した方針管理体制も、時間の経過によって、徐々に変化、あるいは異常（1本の雑草）が必ず発生し、それを放置すれば、やがて昔の非効果的/非効率的管理体制に戻ってしまうのだということを肝に銘じておきたいところです。これを防止するためには、やはり「**継続的に改善していくことの大切さ**」を全部門/全員が認識し、まずは1本の雑草に気付くこと、気付いたら躊躇せずに声を上げること、声が上がったら、組織を挙げてそれを取り除くこと、さらにはそういう雑草がなぜ生えたのか、その原因を究明し、再発防止/未然防止の手を確実に打っていくことが大切でしょう。

KP−⑦　短期的視点から脱却し中長期的視点に立とう

　以上述べてきた6つのキーポイントを見て、いずれも方針管理という組織的なしかけ/しくみを考えるとき、あまり短期的/近視眼的立場から、この方針管理というツールを見ていない、かなり中長期的な視点に立って議論しているという点に気付かれたのではないでしょうか。そうです、それこそが、最後のキーポイント、すなわち、方針管理という経営管理ツールは、ややもすると、短期的視点に陥りやすいビジネスの世界から少し脱却し、可能な限り「**中長期的な視点に立って組織を運営できるようにしていくマネジメントツール**」なのだということを理解していただければ幸いです。

4．次期方針管理研究会や各社での方針管理の進化に対する期待

　このように、方針管理はその誕生以来、さまざまな環境変化に直面しつつも、60年以上にわたって常に進化し続け、今現在の姿があるのですが、それを支えてきた基本の原理は、方針管理に「こうでなければならない！」という唯一絶対的な解はなく、各社各様、「**自らの特徴に合った方針管理を独自に工夫していくことこそ大切**」だという考え方にあるということです。

　つまり、TQMも含め方針管理というツールは、正解というものがどこかにあって、それを外部に求めるといった類のものではなく、「**正解は自ら創り上げていくことによって自ら獲得するもの**」なのだという認識が大切だということです。但し、基本となる概念や思想は正しく理解し、それをキチンと自社の方針管理に取り入れていくことも忘れてはなりません。

　ということで、真に大事なことを最後に述べておきます。それは「**方針管理を管理する**」ということです。すなわち、方針管理という枠組そのものに対して、PDCAを回すことで方針管理自体を改善していくということです。方針管理に、こうでなければならないという形を嵌めてしまえば、そこで進化は止まってしまいます。私たちを取り巻く環境は常に変化しており、その変化に方針管理が適応していこうとすれば、当然、何かを変えていかなければいけません。しかしその一方で、今まで培ってきた貴重な財産・知見もあるので、当然、

変えてはならないものもあります。すなわち、「**方針管理の不易流行**」という
ことを意識しつつ、継続的に改善していく不断の努力が必要なのだということ
です。もちろん、今回の方針管理研究会の活動もその一環であり、本書を読ま
れた多くの方々も含め、方針管理の新たな高き山を極め、そこから見られる素
晴らしい景色を皆で共有したいと思います。

一般財団法人日本科学技術連盟　方針管理研究会　主査

『実践　方針管理』編集主査

光 藤 義 郎

索　引

●執筆者紹介

日本科学技術連盟　方針管理研究会

主査
光藤 義郎(みつふじ　よしろう)　執筆担当：序文、はじめに、おわりに
一般財団法人日本科学技術連盟　嘱託

執筆者
新倉 健一(にいくら　けんいち)　執筆担当：第Ⅲ部
インフロニア・ホールディングス株式会社

村川 賢司(むらかわ　けんじ)　執筆担当：第Ⅰ部
村川技術士事務所　所長

米岡 俊郎(よねおか　としろう)　執筆担当：第Ⅱ部
株式会社P&Qコンサルティング　代表取締役

実践　方針管理

革新戦略推進のフレームワーク

2024年7月29日　第1刷発行

編　者　日本科学技術連盟
　　　　方針管理研究会

発行人　戸　羽　節　文

発行所　株式会社 日科技連出版社
〒151-0051　東京都渋谷区千駄ケ谷5-15-5
　　　　　　DSビル
　　　　　　電話　出版　03-5379-1244
　　　　　　　　　営業　03-5379-1238

検　印
省　略

Printed in Japan

印刷・製本　港北メディアサービス㈱

© *Yoshiro Mitsufuji et al. 2024*
ISBN 978-4-8171-9799-3
URL http://www.juse-p.co.jp/

　本書の全部または一部を無断でコピー、スキャン、デジタル化などの複製をすることは著作権法上での例外を除き禁じられています。本書を代行業者等の第三者に依頼してスキャンやデジタル化することは、たとえ個人や家庭内での利用でも著作権法違反です。